专家帮你
提高效益
···★★★···

怎样提高
兔养殖效益

主编　吕景智　李洪军　杨继琼
参编　张　晶　王永康　景开旺
贺稚非　范成莉　孔祥波
陈志祥　沈代福　王　彬
郭子涵　赵　娜　刘春玲

机 械 工 业 出 版 社

本书在剖析兔养殖场、养殖户的认识误区和生产中存在问题的基础上，就如何提高兔养殖效益进行了全面阐述。本书主要内容包括：家兔生物学特性、兔场建设、种兔优选、家兔繁殖、饲料配制、饲养管理、疾病综合防范和兔产品研发。本书语言通俗易懂，技术先进实用，针对性和可操作性强。另外，本书设有“提示”“注意”“小经验”“案例”等小栏目，并附有大量的图片，可以帮助读者更好地掌握兔养殖技术。

本书可供广大兔养殖户、相关技术人员及农林类院校相关专业的师生使用和参考。

图书在版编目（CIP）数据

怎样提高兔养殖效益/吕景智，李洪军，杨继琼主编. —北京：机械工业出版社，2021.3（2023.3 重印）
（专家帮你提高效益）
ISBN 978-7-111-67426-9

Ⅰ.①怎…　Ⅱ.①吕…②李…③杨…　Ⅲ.①肉用兔－饲养管理　Ⅳ.①S829.1

中国版本图书馆 CIP 数据核字（2021）第 021073 号

机械工业出版社（北京市百万庄大街 22 号　邮政编码 100037）
策划编辑：周晓伟　高　伟　责任编辑：周晓伟　高　伟
责任校对：张　力　　　　　责任印制：张　博
保定市中画美凯印刷有限公司印刷
2023 年 3 月第 1 版第 2 次印刷
145mm×210mm · 5.5 印张 · 2 插页 · 148 千字
标准书号：ISBN 978-7-111-67426-9
定价：29.80 元

电话服务　　　　　　　　　　网络服务
客服电话：010-88361066　　机　工　官　网：www.cmpbook.com
　　　　　010-88379833　　机　工　官　博：weibo.com/cmp1952
　　　　　010-68326294　　金　　书　　网：www.golden-book.com
封底无防伪标均为盗版　　机工教育服务网：www.cmpedu.com

前　言　PREFACE

目前，我国家兔产业进入由传统养殖向现代养殖转变的关键时期，兔产业正向标准化、规模化和产业化的方向发展。近几年来，产业扶贫政策对养殖业进行大力扶持，兔产品的消费需求持续增长，家兔产业迎来了难得的发展机遇。兔产业不与人争粮，不与粮争地，在减少粮食消耗的同时，可达到高效产出，对环境保护的压力也小。兔产业投资小、见效快，规模可大可小，可充分利用农村富余的劳动力资源，深化农业产业结构调整，帮助农民脱贫致富，是实施精准扶贫和生态环保扶贫工作中重点发展的畜种。

但是，我国兔产业还存在规模化程度较低、分散养殖形式所占比重较大、管理比较粗放、生产效率低下、养殖户未能很好地利用各种资源和技术等问题。针对这些问题，我们编写了本书。本书以兔生产流程为主线，对家兔的生物学特性、兔场建设、家兔品种、家兔繁殖、营养与饲料、饲养管理、疫病防控、兔产品加工等方面的关键技术环节进行了阐述，每章第一节都有与生产中存在的误区相关的内容，并在随后的内容中提出科学的解决方法。

本书内容丰富、技术先进，内容编排形式灵活，图文并茂、通俗易懂、实用性强，可供广大养殖户、相关技术人员及农林院校相关专业的师生使用和参考。

需要特别说明的是，本书所用药物及其使用剂量仅供读者参考，不可照搬。在生产实际中，所用药物学名、常用名与实际商品名称有差异，药物浓度也有所不同，建议读者在使用每一种药物之前，参阅厂家提供的产品说明以确认药物用量、用药方法、用药时间及禁忌等。购买兽药时，执业兽医有责任根据经验和对患病动物的了解决定用药量及选择最佳治疗方案。

由于编写水平有限，书中难免存在不妥之处，恳请读者朋友批评指正。

编　者

目录 CONTENTS

第一章
顺应家兔习性，降应激出效益

第一节　家兔生物学知识的误区

一、对家兔的分类和起源不清楚

家兔的分类学位置为动物界、脊索动物门、脊椎动物亚门、哺乳纲、兔形目、兔科、穴兔属、穴兔种、家兔变种。

现今，人们饲养的各种用途、类型的家兔品种，都起源于欧洲野生穴兔。在分类学上，人们将兔分为两类：一类为穴兔（rabbit），或称家兔；另一类为旷兔（hare），或称野兔。

二、对家兔和野兔的辨别误区

家兔和野兔在外形上非常相似，但两者存在很多方面的差异（表1-1）。

表1-1　野兔与家兔的区别

比较项目	区别	
	野兔（旷兔）	家兔（穴兔）
生物学分类地位	兔属	穴兔属
怀孕期	40天（39～42天）	31天（29～32天）
产仔数	1～4只/胎	4～21只/胎
初生特征	睁眼，身上有毛，能走（生后几分钟），能听到声音	闭眼，裸体，不能走，听不见声音

（续）

比较项目	区别	
	野兔（旷兔）	家兔（穴兔）
染色体数	$2n=48$	$2n=44$
产仔处	旷野	洞穴
毛色	随季节变化	不随季节变化
繁殖	春、秋两季繁殖	一年四季均可繁殖
饲养特点	不易驯化，家养条件下较难存活与繁殖	易于驯化饲养，家养条件下易存活

三、忽视外界应激因素

家兔胆小怕惊、喜干燥，这是由其生物学特性决定的。然而，在生产中，突发的噪声、强光射入、陌生人突然闯入等，容易导致家兔受到惊吓，惶恐不安，在笼子里乱蹿乱跳，影响生产性能，甚至会导致怀孕母兔流产。有些兔场设计不合理，粪尿直接落在地面上，兔舍异常潮湿，有害气体严重超标。有些兔舍的通风机选择不当。通风机风力过大易导致兔感冒；风力过小，兔舍的有害气体无法排除。因此，在生产中应注意保持兔舍安静，避免陌生人、动物闯入；要科学地设计兔场，保持兔舍空气畅通、相对干燥。

第二节　掌握家兔的生物学特性

正确了解家兔的生物学特性，掌握家兔自身的生物学规律，以便在养殖过程中为其创造适宜的生活和环境条件，提高其生产效率。

一、生活习性

1. 夜行性

野生兔由于体格弱小，御敌能力差，在长期的野生环境下形成了夜行性的特点。所谓夜行性就是白天穴居洞中，夜间外出活动和觅食。家兔在白天表现较安静，夜间很活泼，采食频繁，夜间所吃的饲粮和水占全部日粮和水的70%左右。

【提示】

根据夜行性的特点，在饲养管理上要合理安排，晚上要喂充足的饲料，白天尽量让兔多休息和睡眠。

2. 嗜眠性

家兔在一定的条件下很容易进入困倦或者睡眠状态，这一特征称为嗜眠性，这与兔在野生状态下的昼伏夜行有关。在此状态下兔的痛觉会降低或消失。利用这一特性，能顺利地给兔投药注射或进行简单的手术，所以兔是很好的实验动物。

3. 胆小怕惊

兔耳大长，听觉灵敏，能转动并竖起耳朵收集来自各方的声音，以便逃避敌害。兔属于胆小的动物，遇到敌害时，能凭借敏锐的听觉做出判断，并借助弓曲的脊柱和发达的后肢迅速逃跑。在家养的情况下，突然的声响、陌生人或者陌生的动物如狗、猫等都能使兔惊恐不安，在笼中奔跑和乱撞，并以后足拍击笼底而发出声响。

【提示】

在饲养过程中，动作要尽量轻稳，以免发出使家兔受惊的声响，同时要防止陌生人和其他动物进入兔场，这对养好家兔是十分重要的。

4. 喜清洁、好干燥

干燥、清洁的环境有利于兔的健康，而潮湿和污秽的环境易使兔患病。

【提示】

根据这一习性，在进行兔场设计和日常的饲养管理工作中，都要为兔提供清洁、干燥的生活环境。

5. 群居性差、同性好斗

家兔喜欢互相咬斗，特别是公兔群养或在新组合的兔群中，互相咬斗的情况更为严重，这在饲养管理上应该特别注意。

6. 怕热不怕冷

兔子全身被毛，汗腺很少，只分布于唇的周围，因此兔子怕热不怕冷，最适宜的温度为15～25℃。温度长期超过32℃时，兔的生长、繁殖均会受到影响，表现为夏季不育。

7. 啮齿行为

兔门齿的主要作用是切断食物。兔的大门齿是恒齿，不断生长，因此，兔在采食时要不断磨牙。若兔子没有啮齿行为，一年内上门齿可以长到10厘米，下门齿可以长到12厘米。

【提示】

兔笼壁要平整，不留棱角；笼内放木棒，或者饲喂颗粒饲料。

8. 穴居性

家兔仍具有野生穴兔打洞的本能，以隐藏自身并繁殖后代。在兔舍建筑和散放群养时应注意防范，以免兔打洞逃出或遭受敌害。

二、草食性和消化特性

1. 草食性

兔子的草食性与其消化系统有着密切的联系。

（1）豁嘴 豁嘴即唇裂（纵裂），就是家兔的上唇分裂为两片，

使门齿容易露出，便于从地面上采食和啃咬树皮等食物。

（2）双门齿 兔的门齿有 6 枚，上颌 2 对，下颌 1 对。上颌有 1 对大门齿和 1 对小门齿，小门齿位于大门齿的后面，而且上下门齿能吻合在一起，左右磨合，更便于磨碎食物。

（3）臼齿面宽 臼齿面宽便于研磨饲草。

（4）盲肠发达 盲肠约等于体长，盲肠内有许多皱襞，含有大量的微生物，分泌纤维素酶，分解纤维素。脊椎动物中唯有兔子有纤维素酶，盲肠能起到反刍动物瘤胃的作用。

（5）肠道长 大肠和小肠的总长度为体长的 10 倍，便于充分消化和吸收。

（6）唾液腺发达 唾液腺有耳下腺、颌下腺、眶下腺、舌下腺。眶下腺为兔子所特有。

2. 兔的消化特性

（1）对粗纤维的消化率高 兔子对粗纤维的要求具有双重性。粗纤维过少时，如喂食谷物类，2～3 天兔会便秘，会不时下蹲、看腹部；粗纤维过多时，会造成营养不足，因此对兔喂养粗纤维类饲料要适量。

（2）对蛋白质的消化率高 以苜蓿草粉中蛋白质的消化率为例，猪的消化率不到 30%，而兔能达到 75%。

（3）食粪性 食粪性又称为食粪癖、假反刍。兔不仅有吃软粪的习性，还吃硬粪；不仅夜间食粪，白天也食粪。兔食粪时不仅吞食，而且有类似采食饲草一样的咀嚼动作。兔的软粪中含有丰富的营养物质，所含的粗蛋白和水溶性维生素比硬粪中高。家兔软粪和硬粪营养成分的比较见表 1-2。

表 1-2 家兔软粪和硬粪营养成分的比较

营养成分	软 粪	硬 粪
干物质/克	36.9	52.2
粗蛋白质（%）	36.4	17.7

（续）

营养成分	软　粪	硬　粪
粗脂肪（%）	5.3	3.0
粗纤维（%）	15.8	29.3
粗灰分（%）	12.1	12.2
无氮浸出物（%）	30.4	37.8
钙（%）	0.59	1.02
磷（%）	1.38	0.90
硫（%）	0.45	0.30
钾（%）	1.56	0.61
钠（%）	0.50	0.13
烟酸/(毫克/千克)	137.0	38.2
核黄素/(毫克/千克)	31.3	9.2
泛酸/(毫克/千克)	50.5	8.8
维生素 B_{12}/(毫克/千克)	2.7	0.8

(4) 肠壁渗透性　兔的肠壁渗透性比猪、牛、羊好，尤以回肠明显。幼兔吃发霉的饲料时，不到一天就会出现腹泻，严重的会中毒死亡。

三、繁殖特性

1. 繁殖力强

兔性成熟早，窝产仔数多，孕期短，年产窝数多，在良好的饲养条件下，长年均可产仔。高产长毛兔在高温季节有不育现象，但是在改善饲养条件的情况下仍能繁殖。

2. 刺激性排卵

母兔虽有发情周期，但不像其他家畜具有明显的周期。兔属于刺激性排卵的动物，成年母兔的卵巢内经常有处于不同发育阶段的卵泡。交配、爬跨的刺激，均能诱导母兔排卵。因此，在母兔发情不明显的情况下，令其强制接受交配，也有可能受孕。

生产上通常采用以下两种方式实现诱导排卵。

（1）人工辅助交配 将发情的母兔放入公兔笼中，公兔爬跨母兔后，产生交配刺激，卵子排出。

（2）人工授精 在现代集约化兔场，不使用公兔爬跨的交配刺激来诱导排卵，而是通过注射促黄体素释放激素A3（促排3号）或人绒毛膜促性腺激素（HCG）达到刺激排卵的目的。这种方法使用效果较好。

3. 双子宫

兔的两侧的子宫不相通，两侧子宫的子宫颈共同开口于阴道。受精卵不会由一个子宫角移至另一个子宫角。在生产上偶有母兔复孕的现象发生，即母兔怀孕后又接受交配再怀孕，前后交配怀孕的胎儿分别在两侧子宫内着床，胎儿发育正常，分娩时分期产仔。为了防止复孕的现象产生，配种的时候要有记录。由于兔是双子宫，在人工授精时，输精器孔应位于左右子宫正中间。

4. 卵子较大

家兔的卵子是目前所知道的哺乳动物中最大的，直径约为160微米，马为135微米，羊为130微米，猪为120～140微米。

5. 胚胎附植前后的损失率高

据报道，胚胎在附植前后的损失率约29.7%。肥胖、高温、妊娠前期的营养水平、毒素、应激等都会影响胚胎的成活。

四、呼吸和体温调节特性

家兔是恒温动物，正常的体温在38.5～39.5℃范围内。家兔的体温是通过体温调节系统来维持的，体温的调节取决于临界温度。临界温度是指兔体的各种机能活动所产生的热大致能维持正常体温的外界温度，家兔的临界温度为5～25℃。处于临界温度的家兔，代谢率最低，热能的消耗最少。高于或低于临界温度均能使热能损耗增加。兔全身被毛，汗腺很少，因此当外界温度高于临界温度时，兔的呼吸频率会急剧增加。例如，外界温度由20℃上升到35℃时，兔的呼吸次数增加5.7倍。

家兔单靠呼吸散热的方式来维持体温是有一定限度的，所以高温对兔是非常有害的。在高温环境下，兔的生长发育和繁殖效果都显著下降。尤其是长毛兔，其在高温季节会丧失繁殖能力，即所谓的高温不育现象。如环境温度持续在35℃以上，家兔常会发生中暑而死亡。特别是在高温高湿的条件下，这种现象尤其严重。但冬季气温较低，室外饲养的家兔繁殖能力也受影响，且耗料增加。

初生仔兔全身无毛，体温调节系统发育不完善，体温随环境变化而变化。炎热的气温条件对体温调节系统发育不全的仔兔影响很大，仔兔窝里的温度过高，导致仔兔出汗，使窝变得很潮湿，俗称蒸窝。这种环境下的仔兔很难成活。

仔兔的体温要等到开眼时（10～12日龄）才恒定，到30日龄被毛基本形成时，仔兔对外界的环境温度变化才有一定的适应能力。所以在生产上要加强对仔兔的管理，否则会造成哺乳仔兔成活率下降，并影响断奶后幼兔阶段的生长发育。

五、生长特点

仔兔出生时闭眼、无毛，大约在第4天开始长出绒毛，11天左右开眼。仔兔出巢的早晚取决于吃母乳的多少，吃母乳不足的仔兔往往提前出巢。

在母兔泌乳正常的情况下，仔兔的体重增长很快，1周龄时的体重比初生时增加1倍，4周龄时的体重约为成年兔的12%，8周龄时的体重可达成年兔体重的40%。

胎儿前期（共10天）和中期（共10天）的生长重占初生重的10.82%，胎儿后期（共10天）的生长重占初生重的89.18%。若母体营养差，则胎儿发育缓慢；胎儿位置靠近卵巢的胎儿大、发育好，远端的胎儿小、发育差。

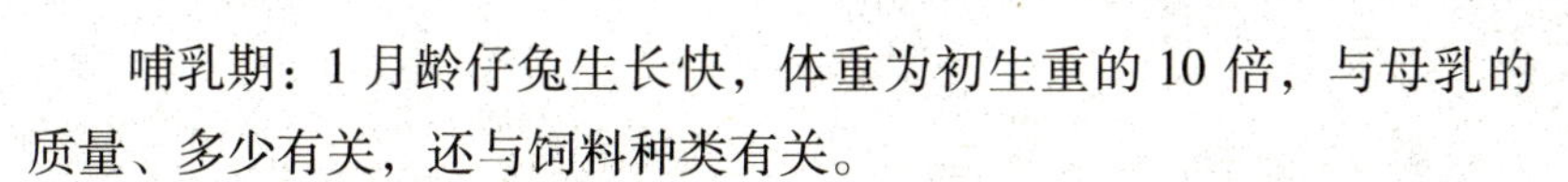

哺乳期：1 月龄仔兔生长快，体重为初生重的 10 倍，与母乳的质量、多少有关，还与饲料种类有关。

断乳期：兔的生长与遗传、环境有关，3 月龄前生长快，3 月龄后生长慢。

不同品种、不同性别的幼兔，生长速度有差异。8 周龄前的仔兔和幼兔，公兔的生长速度要比母兔略快，但增重差异不明显。8 周龄后，大多数品种的母兔要比公兔长得快，但差异不明显。

母兔的泌乳力和窝产仔数对仔兔早期的生长发育起主要作用。在哺乳期，泌乳力越高，幼兔的体重越大。窝产仔数少的，仔兔发育较快，个体体重大；窝产仔数多的，生长发育较慢，个体体重也小。

第二章
做好兔场建设，向环境要效益

第一节　兔场建设的误区

一、忽视湿度

温度对兔固然重要，但也不能忽视湿度。家兔有喜干燥、怕潮湿的习性，高湿会严重影响家兔的健康。虽然短时高湿对家兔的健康和生产性能影响不明显，但长时间高湿则严重影响家兔的生产性能，易诱发疾病。养殖者在密切关注温度的同时，一定要重视对湿度的防控和管理。因此，应该采取加强通风、减少不必要的用水、及时更换垫草、防止饮水系统漏水等措施来保持舍内干燥。

二、忽视低温

一般来说，家兔体表覆盖较厚的被毛，能耐受寒冷，所以不少人认为在冬季环境温度低的情况下，不需要采取任何保温措施，仍然可以正常养兔。实际上，家兔虽然在冬季可以抵御寒冷，但母兔的发情和受胎率、仔兔的成活率、幼兔的生长速度和饲料转化率等都会大大下降，严重影响兔场的经济效益。因此，冬季一定要注意兔舍的温度，采取有效措施使兔舍保温，如采用隔热材料封闭兔舍，在中午外界温度升高时适当进行通风。在有条件的情况下，可采用人工采暖措施，尽量保持种兔兔舍的温度在 10℃以上。

三、忽视光照

有些兔场认为兔是昼伏夜出的动物，不需要光照，或者仅需要微弱的光。实际上，兔在不同生理阶段对光照的需要量是不同的。对生长育肥兔来说，微弱的光对其生产性能有促进作用，但对种兔来说，微弱的光则严重影响其繁殖性能。所以，要根据种兔的生理状态来调整光照时间，适时进行人工补光，以维持种兔正常的繁殖性能。

四、基础设施差

有些养殖户将闲置的房间稍做改造，或不改造就作为兔舍，导致兔舍通风和采光不够，粪污处理不合理，兔舍内污秽不堪，兔病不断，成活率低。家兔喜干燥厌潮湿，无论采用什么房舍来养兔，都应充分考虑通风、排污，为家兔营造好的饲养环境。

第二节　做好兔场建设的主要途径

一、掌握家兔对环境的基本要求

环境因素是指作用于家兔机体的外界因素，分为自然因素（温度、湿度、气流、气压、太阳辐射等）和兔舍内的空气质量因素（水汽、有害气体、粉尘等）。兔舍内的环境因素直接影响种兔的繁殖、仔幼兔的生长和兔场的经济效益。

1. 温度

家兔全身覆盖浓密的被毛，汗腺不发达。一般来说，初生仔兔皮肤裸露，无御寒能力，适宜的温度为 30～32℃。仔兔在低温下全身冰冷，在 20℃以下就有可能死亡，所以要做好仔兔的保暖工作。对断奶以后的家兔来说，最适宜生长的环境温度为 15～25℃。家兔在温度适宜的环境下，机体处于最佳的生理状态。

2. 湿度

空气湿度是指空气中水汽含量的多少。湿度和温度往往相互关联。高温高湿不利于家兔散热，而高温低湿则有利于家兔散热。温度低而湿度高时，会加快家兔机体散热，但不利于保温，而低湿度则可降低高温和低温对机体的不良影响。

高温高湿和低温高湿的环境有利于病原微生物和寄生虫的滋生和传播，家兔易患各种呼吸道和消化道疾病，严重影响兔群的健康（图2-1）。若空气湿度过低，则易使家兔皮肤脱水、黏膜干裂、生长缓慢，降低家兔的免疫力，容易感染疾病。兔场最适宜的湿度是60%~65%，仔兔可提高到75%。

图2-1　潮湿的兔舍

【提示】

在生产中经常遇到由于饮水器漏水、冲刷地面、冲刷粪沟、兔舍消毒或尿液不能及时流出兔舍外等原因造成兔舍湿度增加，应及时采取措施排湿。

3. 通风

兔舍通风的目的是将兔舍里的空气与外界新鲜空气进行交换。兔舍的空气里含有有害气体、灰尘和水汽。有害气体的成分十分复杂，但数量多、危害较大的主要有氨气、硫化氢、二氧化碳和甲烷。通风换气不仅能排出污浊空气，将有害气体浓度降低到允许范围内，还能调节温度，降低湿度。在开放或半开放式兔舍，可以采用自然通风的方式进行换气。自然通风受天气、风向、风力的影响，尤其在夏天，通风效果较差，所以最好辅以机械通风。有窗封闭式或无窗密闭式兔舍，必须采用机械通风。夏天通风产生的气流有利于家兔散热，缓解热应激；在冬天低温情况下，通风会加剧机体散热，家兔容易感冒，导致生产力下降。所以，夏天应适当增加通风量，冬天尽量减少通风量，降低兔舍内的气流速度。

【提示】

在安装风机时，切勿将风机正对家兔，避免强风对家兔造成伤害。

4. 光照

光照可促进兔机体的新陈代谢，增进食欲，调节钙、磷的代谢；有助于性腺的发育，促进性成熟；光照刺激兔的皮肤毛囊细胞，有利于被毛的生长。繁殖母兔的光照时间为 14 ~ 16 小时/天，种公兔为12 ~ 14 小时/天，育肥兔可以采用弱光育肥。光照一般采取自然光照和人工光照相结合的方式。对主要采取自然光照的兔场，应注意兔舍窗户的安装位置、大小、分布和采光面积。窗户的阳光入射角度不低于 20 ~ 30 度，采光面积占地面面积的 15% 左右。在全封闭的兔舍通常采用人工光照，可安装光照程序控制器来控制光照。

5. 噪声

家兔胆小怕惊，对周围环境保持高度的警觉。无规律的噪声会使家兔惊恐不安，在笼中乱窜，还会引起妊娠母兔流产、母兔拒绝哺乳甚至残食仔兔。建议兔舍的噪声强度低于 70 分贝。

【提示】

为了降低噪声的影响，兔场应建在远离公路、工矿企业等高噪声的地方。同时，应避免猫、狗等动物突然惊扰。

二、做好兔场的选址与布局

1. 选择合适的场址

兔场是开展家兔生产、繁殖的场所。选址正确与否直接关系着建设的成本、兔体的健康、兔场的经济效益，甚至养兔的成败。在建场时应充分考虑气候、地势、风向、交通、水源、电力、周边环境等自然条件和社会条件，进行科学选址。

（1）地势高燥 兔场应建在地势高、相对干燥、背风向阳、地下水位低（2米以下）、排水良好的地方，最好选择沙质土壤。兔场应设1%～3%的坡度，便于排水。在山区建场，应选在坡度较小、朝阳的山坡。

【注意】

切忌选在地势低洼、通风不良的山沟或涝洼地方，以防病原菌和寄生虫繁殖；切忌选在低洼的山谷或几面山环抱的平地，以免山洪暴发，或下暴雨时被淹。

（2）水源充足 在兔场日常运行的过程中，需要供应家兔饮用水、饲料用水、清洁用水、消毒用水和生活用水等，因此兔场应该建在水源充足的地方。水质要求清洁卫生，不含有毒物质、细菌、寄生虫和过量的无机盐。较理想的水是自来水、山泉水和深井水，需要定期对水质进行化验。

【注意】

若使用山泉水，可进行过滤或多级沉淀，以达到安全用水的目的。

（3）交通便利 兔场种兔、饲料、辅助用品等的购入，活兔、兔产品、粪污等的运出，都需要交通运输，所以兔场应该建在交通便利的地方。考虑到兔场的安全生产，兔场选址地应距离畜产品交易市场、屠宰场、垃圾填埋场等5千米以上，距离居民区300米以上，距离交通主干道300米以上，距离一般的道路100米以上。

（4）电力供应有保障 在规模化兔场（彩图1），通风、照明、排粪等都需要电力的供应，工厂化养兔的兔场对电力的依赖性更强，因此，兔场要建在电力有保障，靠近输电线路的地方。

2. 做好建筑布局

（1）兔场分区 兔场一般分为管理区、生活区、生产区、隔离区、粪污处理区、尸体处理区和辅助区等区域，这些区域应根据兔场的功能定位、规模、生产流程、地形、风向、自然条件、交通情况等来合理安排（图2-2）。

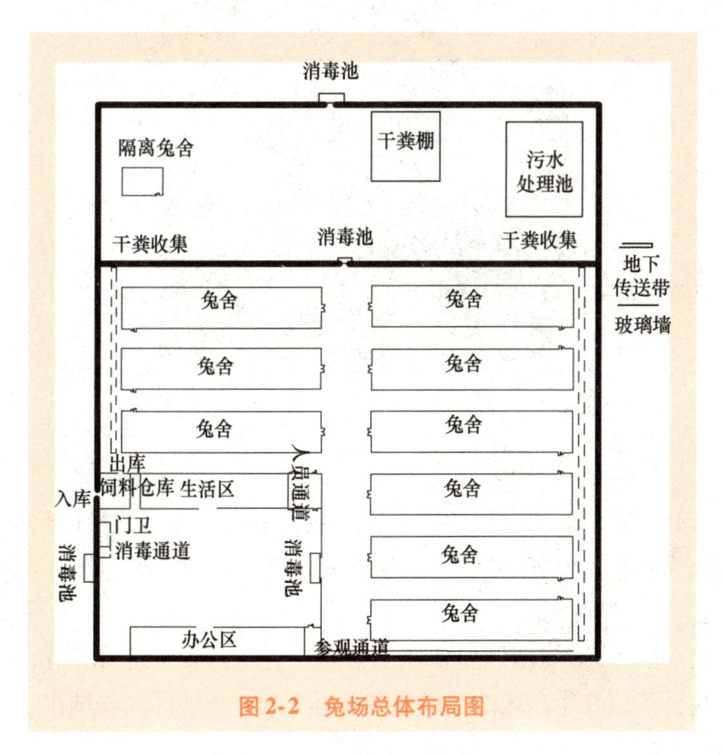

图2-2 兔场总体布局图

1）生产区。生产区是兔场的核心区，包括种兔舍（种公兔舍和种母兔舍）、繁殖舍、育成兔舍和幼兔舍等（图2-3）。生产区应在生活区和管理区的下风向或并排，在生产区内部应从上风向到下风向按照种兔舍、繁殖兔舍、育成兔舍、育肥兔舍、幼兔舍顺次排列。为便于通风，兔舍的长轴应与夏季主导风向垂直。幼兔舍和育肥舍应靠近兔场一侧的出口处，便于出售育肥兔。生产区应用围墙隔离，门口必须设有车辆消毒池，人员的消毒通道、更衣换鞋间等。车辆消毒池要有一定的深度，消毒池的长度应大于轮胎周长的2倍。人员的消毒通道应配备紫外线消毒杀菌灯和喷雾消毒设备。

图2-3 兔舍

2）管理区。管理区与外界来往比较频繁，应设在生产区的上风向或并排。管理区主要包括办公室、接待室、监控室、培训教室等，应设在大门口，外来人员及车辆只能在管理区活动，不准进入生产区。

3）生活区。生活区包括职工宿舍、食堂、文化娱乐场所、浴室等，生活区应在生产区的上风向或并排布置。生活区可安排在管理区

和生产区之间，距离生产区要有一定的距离，但又不能太远。

4）隔离区。隔离区应包括兽医室、隔离室、干粪棚、无害化处理室、污水处理池等。为防止疾病传播，隔离区应在全场的下风向，并应设有隔离屏障。隔离区应设单独的出入口和消毒室。

5）辅助区。辅助区应包括饲料库、维修间、变电室和供水设备区等，与生产区保持较近的距离。

（2）场区道路 场区道路应分为净道和污道。净道是运送饲料、兔群转运、工作人员行走等的通道，污道是运送粪便、病死兔和污物等的通道。净道和污道应严格分开，不能交叉。场区的主干道应宽5~6米，次干道或污道宽1.5~3米。道路应坚实，排水良好。

（3）建筑间距 养兔场一般有多栋不同用途的兔舍，各兔舍之间应设置合理的间距。若间距过大，则浪费土地，增加投资；若间距过小，则相互干扰，影响采光。一般来说，兔场内各兔舍的间距设为9~10米。

三、做好兔舍的设计

1. 掌握兔舍的设计原则

兔舍是兔场建设的核心。兔舍建设直接关系到建设成本、家兔健康、生产效率和投资回报等方面。兔舍的设计原则有以下几个方面。

（1）符合家兔的生物学特性 兔舍的设计应从家兔的啮齿行为、胆小怕惊、喜干燥、怕热等的生物学特性出发，在建造兔舍时应选在安静、地势高燥的地方；兔舍向粪沟方向设置0.5%的坡度，保证不积水；在产箱边缘、门框等家兔能啃咬到的地方采用耐啃咬的材料；配备调整温度的设施，以满足家兔繁殖、生长发育的需要。

（2）提高劳动生产率 兔舍的设计应方便生产管理人员日常管理，减轻劳动强度，提高工作效率。兔笼的总高度不宜过高，否则不利于抓取、观察、喂料等日常操作。在条件允许的情况下，尽量采用自动通风系统、自动化清粪系统、自动喷雾消毒系统和自动喂料系统

（彩图2）等，或者将各系统集成，并实行智慧化管理，提高工作效率。

（3）满足生产流程的需要 应按照生产流程的需要，建造种兔舍、生长兔舍、后备兔舍等，各生产环节的兔笼应符合该阶段兔的生产需要，各环节兔笼的数量应该匹配。

（4）经济适用 根据气候环境、市场定位、投资规模、家兔品种、饲养量等因素，确定兔舍的自动化水平、建筑材料、兔笼类型、兔笼材料、粪污处理方式等，不要盲目追求兔场的高大上，要经济适用，讲求实效。

2. 兔舍类型

我国幅员辽阔，地理环境、社会经济条件、市场需求各有不同，兔舍形式千差万别，各有千秋，并且不断更新换代。这里主要介绍有代表性的兔舍。

（1）按照兔舍的排列划分

1）室外单列式兔舍。这种兔舍既是兔笼，又是兔舍（图2-4）。兔舍采用砖混结构，单坡式屋顶，屋檐前高后低，屋顶采用预制板，前部是笼门，后部设有粪沟，便于排粪尿。为适应露天条件，兔舍地基要高。这种兔舍的结构简单，通风良好，光照充足，可降低疾病的发生。但饲养密度低，易遭鼠害，不易挡风遮雨，冬季饲养有困难。

图2-4 室外单列式兔舍

2）室外双列式兔舍。室外双列式兔舍的两侧为相对排列的兔笼，中间为工作通道（图2-5、彩图3）。兔笼的后壁朝外，后壁外侧为排粪沟，屋顶呈钟楼式，搭建在后壁顶部。这种兔舍造价低廉，通风采光良好，空间利用率高，但易遭鼠害，无法控制温度。

图2-5　室外双列式兔舍

3）室内双列式兔舍。室内双列式兔舍分为两种，一种是两列兔笼背靠背排列在兔舍中间，中间为一条粪沟，两边各有一条工作通道；另一种是两列兔笼面对面排列在兔舍中间，中间为工作通道，两边各有一条粪沟。这种兔舍温度易于控制，通风采光良好，饲养密度相对较小，但空间利用率较差，室内有害气体浓度较室外兔舍大。

4）室内多列式兔舍。室内多列式兔舍是指沿兔舍纵轴方向有三列及以上的兔舍，如四列、六列、八列、十二列等，最常见的为四列或六列（图2-6和图2-7）。兔舍的屋顶为双坡式，跨度为8～30米，常见的为8～12米。这类兔舍空间利用率高，适用于集约化、规模化养殖，但室内有害气体浓度高，湿度较大，需要机械化通风。

图 2-6　室内多列式兔舍 1

图 2-7　室内多列式兔舍 2

（2）按建造形式划分

1）开放式兔舍。即敞棚式兔舍，只有屋顶，周围没有墙壁或者只有 1 米高的矮墙。该类兔舍结构简单、投资少、通风透光好、光照充足，但无法进行环境控制，无法遮光避雨，不利于防鼠害，适用于冬无严寒、夏无酷暑的地区。开放式兔舍也可以在棚子上设置挂钩，夏天挂遮阳网，冬天挂草帘，春、秋天敞开，达到防暑防寒的目的。

2）半开放式兔舍。兔舍三面设墙，一面设半截墙，或者四面均为半截墙，在半截墙上设置铁丝网（图 2-8、彩图 4）。冬季为了保温，可封上活动式草帘或塑料膜。这种兔舍通风采光性好，投资少，管理方便，但无法进行机械通风，适用于温差小、气候温暖的地区。

图 2-8 半开放式兔舍

3）塑料大棚兔舍。塑料大棚兔舍是仿照温室大棚的原理建造的，有单层式和多层式两种，兔笼摆放在大棚中间（图 2-9）。塑料大棚兔舍的优点是造价低、施工方便。然而，其相对湿度大、通风差，需要辅以机械通风。

图 2-9 塑料大棚兔舍

4）有窗兔舍。兔舍四面有完整墙壁，上有屋顶，设有窗户和通风孔（图 2-10）。这类兔舍管理方便，自然采光，通风良好，有利于保温和隔热，兔舍利用率高，可集约化生产。然而，兔舍内有害气体浓度大、湿度较大，兔患病率较高。在没有通风设备的情况下，不宜采用该类兔舍。

图 2-10　有窗兔舍

有窗兔舍在窗户密闭性不好的情况下，影响通风机的通风效果，尤其是在天气炎热的地区，影响湿帘的降温效果，所以要注意窗户的密闭性。目前这种兔舍在我国最为常见。

5）无窗兔舍。兔舍四周有墙无窗（或设应急窗，平时不用），温度、湿度、通风、采光完全靠相应的设备调节（图 2-11）。这类兔舍可以按照生产的要求进行环境调节，便于进行批次化、机械化、自动化、智能化的操作和管理，劳动效率较高。然而，该类兔舍投资费用高，运行成本高，对建筑物和附属设备要求高，一旦某一环节的设备出现问题，整个兔舍将无法正常运转。该兔舍主要适用于集约化、规模化的兔场。

四、做好兔笼的设计

1. 兔笼的设计要求

兔笼要坚固耐用、防腐蚀、耐啃咬、易清扫、易维修，使用方便，经济实用。

图 2-11　无窗封闭式兔舍

1）兔笼组成。兔笼一般由笼壁、笼顶板、笼底板、笼门和支架组成。

2）兔笼规格。兔笼的大小应根据家兔的品种、类型、性别、年龄等进行设计，应能保证家兔在笼子里自由运动。

3）兔笼高度。目前国内的兔笼通常为1～3层，根据兔笼形式来确定层数，上层高度以方便抓取兔子为宜。总高度应在2米以下，最底层应离地面25厘米以上。

【注意】

不能为节约占地面积而选择层数过多的兔笼。有些兔场安装了四层兔笼，却因最上层过高，不方便操作而空置，反而是一种浪费。

2. 兔笼形式

按兔笼的排列形式，可分为平列式、重叠式和阶梯式；按功能可分为饲养笼和运输笼；按材料可分为水泥笼、瓷砖笼、砖砌笼和金属笼。生产中常用的兔笼有以下几种形式。

1）平列式兔笼。平列式兔笼一般为单层，笼门可在上面或前面打开，兔粪直接落入下面的粪沟里（图2-12）。这种兔笼的优点是通风换气好，采光方便，管理方便，适合饲养种兔。但这种兔笼的饲养密度低，利用率低，相对投资大。

图2-12　平列式兔舍

2）重叠式兔笼。重叠式兔笼一般由2～4层组成，中间兔笼的顶壁是上一层的承粪板，笼门设在兔笼的前壁（图2-13、彩图5）。兔笼的材料一般由水泥预制板、瓷砖或金属丝做成。这种兔笼的优点是层数多，占地面积小，空间利用率高；缺点是饲养密度大，底层离粪沟过近，底层的空气质量差。

图2-13　重叠式兔笼

3）阶梯式兔笼。阶梯式兔笼的横截面呈阶梯状，兔笼门、食盒、饮水装置全部设在前壁（图 2-14～图 2-16、彩图 6、彩图 7）。这种兔笼的优点是饲养密度大，通风透光好，管理方便；缺点是占地面积大，造价较高。

图 2-14　三层阶梯式兔笼

图 2-15　双层阶梯式兔笼

图 2-16 阶梯式兔笼下层

五、做好兔舍附属设备的设计

兔舍的附属设备主要有食盒、草架、饮水器、笼底板、喂料车、产仔箱和运输笼等。

(1) 食盒（彩图 8、彩图 9） 食盒又称为料槽，主要由铁皮或塑料制成，通常安装在兔笼内，或挂在笼壁上，从笼外添加饲料。食盒应坚固、耐用、防啃咬。食盒的形状随兔笼的形式而异，不同厂家的食盒形状、规格也大有不同。

【注意】

家兔喜欢扒料，易造成饲料浪费，最好选用防扒料食盒（彩图 10）。

(2) 草架 草架分为两种，一种是活动式的，可以挂在兔笼的前壁上；另一种是固定式的，两个相邻兔笼的顶壁做成 V 形，青草可直接放在 V 形槽中。

(3) 饮水器 饮水器可以用饮水瓶、罐头瓶、水杯、水泥盆做成，但只能用在小规模的兔场中。目前，规模化兔场常用的是自动饮水器（图 2-17）。每栋兔舍或每列兔笼都有储水箱，通过塑料管连接到每层兔笼，然后再连接到每个笼位。这种饮水器的优点是既可防止水被污染，又可节约饮水；缺点是饮水器的寿命有限，需要时常更换，使用时间长或质量不好的饮水器会漏水，使兔笼异常潮湿。

图 2-17　饮水器

【注意】

切勿贪图便宜，购买价低质劣的饮水器。

（4）笼底板　根据材质不同，笼底板分为竹制笼底板、铁丝笼底板和塑料笼底板。

1）竹制笼底板。竹制笼底板由竹片钉制而成，取材方便，但清洗后不容易干。笼底板的钉子容易松动、突出底板表面将兔扎伤，形成脚皮炎。

2）铁丝笼底板。铁丝笼底板直接和铁丝兔笼连接为一体，但铁丝太细，兔的脚底与铁丝的接触面太小，时间长易患脚皮炎，不适合饲养种兔。

3）塑料笼底板。塑料笼底板为一次制造成型，清洗方便，易晾干，但成本较高（图 2-18）。

图 2-18　塑料笼底板

（5）产仔箱　产仔箱是供母兔筑巢产仔的地方，也是 3 周龄前仔兔主要的生活场所。产仔箱又分为悬挂式产仔箱、阶梯式兔笼配套产仔箱和普通产仔箱。

【提示】

在购买产仔箱时，一定要选择耐啃咬的款型。

1）悬挂式产仔箱（图 2-19、彩图 11）。悬挂式产仔箱主要悬挂在金属兔笼的前壁笼门上，在与笼门接触的一面有长方形的缺口，母兔可跳进产仔箱里产仔。这种产仔箱模拟洞穴环境，适合母兔的习性。在使用的时候将产仔箱安装上去，不用的时候取下来，这样可节约空间，提高兔笼的利用率。但悬挂在高层的产仔箱，不方便观察仔兔情况。

图 2-19　悬挂式产仔箱

2）阶梯式兔笼配套产仔箱。这类产仔箱是在阶梯式兔笼的前端直接设计了产仔箱的位置，在需要时将产仔箱放入（图 2-20）。

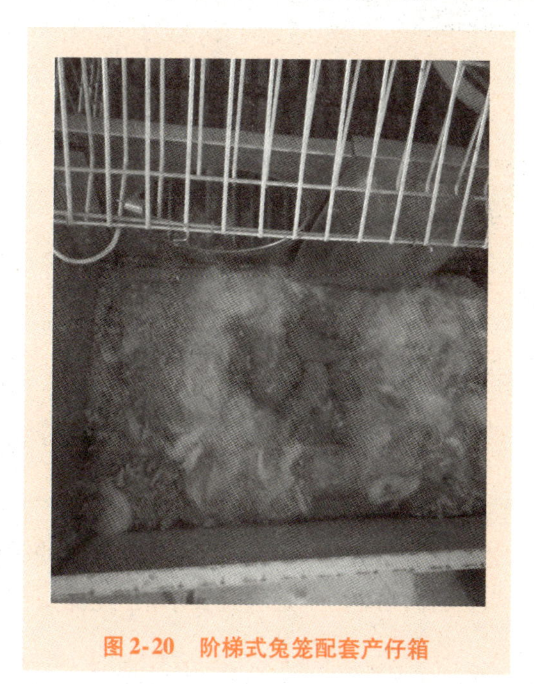

图 2-20　阶梯式兔笼配套产仔箱

3）普通产仔箱。这类产仔箱由木板钉制而成，于箱底钻一些小孔，以利于排尿。这种产仔箱制作方便，在需要时可直接放入兔笼中（图 2-21）。

图 2-21　普通产仔箱

（6）喂料车　用角铁制成框架，用镀锌铁皮或木板制作箱体，在框架底部前后共安装 4 个车轮，前面两个为万向轮（图 2-22）。

图 2-22　移动饲料车

（7）运输笼　运输笼是转运种兔或商品兔所用的一种兔笼，一般不配食盒、草架和饮水装置。运输笼要求结构紧凑，材料轻，在笼内分成很多方格，各笼间可重叠使用。

第三章
优选种兔，向良种要效益

第一节　引种和种兔利用的误区

随着家兔养殖业的快速发展，养殖场（户）的规模不断扩大，国内很多规模化养殖场没有育种能力，为了快速提高种兔质量，需要从外部引种。然而，很多养殖场技术力量薄弱或缺乏养兔知识，导致在引种和种兔利用上产生很多误区。

一、引种存在的误区

1. 忽视引进品种的适应性

在引种时没有考虑当地自然气候条件、生产条件和消费习惯等实际情况，造成新引进的品种难以适应当地的环境条件或不符合市场需求，从而造成经济损失。

2. 不了解种兔的品种特性

有些养殖场（户）对家兔的品种特性缺乏了解，缺乏鉴别能力，经常会引进品种不纯、品质差的种兔，导致整个兔群的品质严重退化。

3. 引进病兔

养殖户在不与当地畜牧部门沟通的情况下私自引种，这样很容易将外部的病原菌带进来，造成兔群大面积疫病，带来经济损失与安全隐患。

4. 过度依赖引种

有些养殖企业缺乏技术力量，没有能力从本场的良种兔群中选种留种，只能依靠引种来补充种兔，从而出现了“年年引种，年年无良种”的怪现象，导致高投入低产出。

5. 缺乏引种常识

许多养殖户认为附近的种兔不好，外地的种兔好，愿意购入外地的种兔，但外地的气候、饲料及长途运输等因素对购入的种兔都是一种挑战。另外，一些养殖户不懂查系谱档案，或者无法进入兔场了解整个种群情况，往往会购回一些劣质种兔。还有不少人认为打耳号的兔子就是种兔。事实上，耳号仅仅是给兔子的一个编号，是为方便人们区分，并不是优质种兔的标志。

二、种兔利用中的误区

1. 地方品种保护不力

我国的地方品种资源非常丰富，有着独特的优良特性。然而，由于有些人急功近利，大面积饲养国外优良品种，并对地方品种进行杂交改良，导致我国家兔的优秀基因逐渐丢失，使我国种质资源遭到严重破坏。因此，我们应该对本地的品种资源进行保护，科学地引种、选种，提高种兔的质量。

2. 仅以体重作为选种的标准

虽然种兔的个体重与产毛、产皮、产肉性能呈正相关，但个体重的种兔大多是通过杂交的方式获得的，这类种兔的体型较大，遗传性能较差，后代分化严重，后代中会出现生长缓慢、抗病力弱的个体，种用价值并不高。

第二节　提高良种效益的主要途径

一、 掌握不同家兔品种的特点

1. 家兔的概念及分类

家兔经过长期驯化和人工选择后形成了很多品种。目前，全世界家兔共有60多个品种200多个品系，且各具特点。根据家兔的改良程度和经济用途可将家兔分为不同的类型。

（1）按照改良程度分类

1）地方品种。地方品种是在放牧或家养等生产水平较低的情况下，未经过严格、系统的人工选择而形成的品种。地方品种的生产性能较低，但具有适应性强、耐粗饲、抗病力强等优点，丰富了家兔种质资源的生物多样性，是培育兔新品种的珍贵素材。典型代表品种为中国白兔。

2）培育品种。培育品种又称育成品种，指有明确的育种目标和遗传育种理论的指导，经过系统的人工选择培育成的家兔品种。这类品种集中了特定的优良基因，具有较高的经济价值，但适应性和抗逆性方面不及地方品种，对饲养管理和营养水平的要求较高。典型代表品种为安哥拉长毛兔、新西兰白兔和伊拉配套系等。

（2）按经济用途分类

1）毛用兔。其经济用途以产毛为主，毛长通常在5厘米以上，被毛密度大、毛纤维的生长速度快、产毛量高、毛品质好。饲养70天左右的长毛兔的毛长可达5厘米以上，每年可采4~5次毛。毛用兔又可分为粗毛型长毛兔和细毛型长毛兔。粗毛型长毛兔的粗毛率为15%以上，典型代表品种为法系长毛兔、皖系长毛兔和苏系长毛兔。细毛型长毛兔的粗毛率在5%以下，典型代表品种为德系长毛兔、浙系“白中王”长毛兔。

2）肉用兔。其经济用途以产肉为主。肉用兔的体躯宽深、肌肉丰满、骨细皮薄，繁殖能力强，早期生长速度快，饲料利用率较高，全净膛屠宰率在50%以上。典型代表品种为新西兰兔、加利福尼亚兔、伊拉肉兔配套系、伊普吕肉兔配套系等。

3）皮用兔。其经济用途以产皮为主，体型中小，头清秀，体躯较为匀称；被毛具有“短、细、密、平、美、牢”的特点；身体被毛整齐有光泽，皮肤组织致密，理想毛长为1.6厘米左右，其中粗毛

分布均匀。典型代表为獭兔。

4）实验用兔。其经济用途以实验为主，但和肉用兔没有明确的划分。实验用兔的被毛通常为白色，耳朵大，血管明显，便于注射、采血，适用于科学研究。实验用兔以日本大耳兔最为常见，其次是新西兰白兔。

5）宠物兔。其经济用途以观赏为主，观赏用兔有的外貌奇特，有的毛色珍贵，有的体型微小，有的性情慵懒，适合做宠物。典型代表为法国公羊兔、狮子兔、安哥拉兔、侏儒兔等。

6）兼用兔。其具有以上两种或两种以上经济用途。例如：青紫蓝兔既可作为皮用兔，又可作为肉用兔；日本大耳兔和新西兰兔既可作为实验用兔，又可作为肉用兔。

2. 肉用兔品种

（1）新西兰白兔 新西兰兔是由美国巨型白兔和安哥拉兔等杂交选育而成的，是近代著名的肉兔优良品种之一，有白、黄和棕三种毛色，但最常见的是白色。新西兰白兔的背毛纯白，眼睛呈粉红色，头宽圆，嘴钝圆，颈部粗短，耳宽厚而直立，臀部丰满，腰肋部肌肉发达，四肢粗壮有力，具有肉用品种的典型特征。母兔最佳的配种年龄为5~6月龄，繁殖力强，一般年产6~7窝，胎产仔数为7~9只，年出栏商品肉兔可达40只以上。新西兰白兔的适应性及抗病力均较强，早期生长速度快，饲料利用率较高。

（2）加利福尼亚兔 加利福尼亚兔原产于美国加利福尼亚州，是将喜马拉雅兔和青紫蓝兔杂交后产生的杂交公兔，再与新西兰母兔交配而成，是一个优良的中型肉兔品种。该兔的耳根粗，耳厚宽，眼睛红色，身体紧凑，被毛为白色，两耳、鼻端、四肢端部和尾巴为黑色、浅灰黑或棕黑色，故又称“八点黑”。“八点黑”的颜色在年幼时浅，年长时深；夏天色浅，冬天色深。加利福尼亚兔的成年公兔体重为3.6~4.5千克，母兔的体重为3.9~4.8千克。该兔遗传性能稳定、性成熟早、适应性强、繁殖性能好、仔兔成活率高、早期生长

快、性情温驯、母性好，是理想的“保姆兔”。

（3）比利时兔 比利时兔是将比利时贝韦伦的野生穴兔经驯化、选育而成，也称比利时野兔。该兔的外形酷似野兔，最大特点是体型大，经过培育，可形成巨型兔。比利时兔的被毛呈深红带黄褐色、红褐色或胡麻色，毛纤维两端的颜色深而中间较浅；眼睛为黑色，耳大而直立。成年兔的常见体重为5.5~6.5千克，体型大的可达9千克以上。比利时仔兔的初生重较大，通常为60~70克，体重大的可达100克以上。比利时兔体质健壮，仔兔成活率高、生长速度快。

（4）肉用兔配套系

1）齐卡肉兔配套系。齐卡肉兔配套系由德国ZIKA种兔公司培育，1986年由原四川省农业科学院畜牧兽医研究所引入我国。配套系由齐卡巨型白兔（G）、齐卡大型新西兰白兔（N）和齐卡白兔（Z）三个品系组成，制种模式为G系和N系杂交产生父母代公兔，N系和Z系杂交产生父母代母兔，父母代杂交产生商品代。

齐卡巨型白兔（G）：为大型品种，全身被毛浓密，纯白，眼红，粗壮，两耳直立，体躯丰满。仔兔初生重为70~80克，35日龄断奶重在1千克以上，90日龄个体重为2.7~3.4千克，成年兔平均体重为7千克。该兔适应性强，但性成熟较晚，6~7.5月龄才能配种。

齐卡大型新西兰白兔（N）：为中型品种，全身被毛浓密，纯白，头短圆而粗壮，眼红，体躯丰满，背腰平直，呈典型的肉用砖块形。母兔胎产仔数为7~8只，仔兔初生重为60克，断奶重为700~800克，90日龄个体重为2.3~2.6千克，成年兔平均体重为5千克。该兔生长速度快，产肉性能好。

齐卡白兔（Z）：为小型品种，全身被毛呈纯白色，眼红，头清秀，耳直立，体躯紧凑。母兔胎产仔数为7~10只，仔兔初生重为60克，断奶重为700~800克，90日龄个体重为2.1~2.4千克，成年兔平均体重为3.5~4千克。该兔的繁殖力强，母性好，耐粗饲，抗病力强。

齐卡商品兔：由上述三个品系配套生产出的商品兔，全身被毛呈纯白色，体躯丰满，生长速度快，90 日龄平均体重为 2.53 千克，最高的达 3.4 千克。

2）伊拉配套系肉兔。伊拉配套系肉兔由法国欧洲兔业公司培育，分为 A、B、C、D 四个各具特色的品系。其制种模式为 A 系公兔与 B 系母兔杂交产生父母代公兔，C 系公兔与 D 系母兔杂交产生父母代母兔，父母代再杂交产生商品代肉兔。

伊拉父系（A 系）：为中型兔，体躯被毛呈白色，头粗重，颈粗短，鼻端、双耳、四肢端部和尾部为黑褐色，体躯呈圆筒形，胸肋肌肉丰满，后躯发达。成年公兔体重为 5 千克，母兔体重为 4.7 千克，平均胎产仔数为 8.35 只，日增重 50 克，饲料转化率为 3∶1。

伊拉父系（B 系）：为中型兔，体躯为白色，鼻端、双耳、四肢端部、尾部为黑褐色，头粗重，两耳中等长，颈粗短，体躯呈圆筒形，胸肋肌肉丰满，后躯发达。成年公兔体重为 4.9 千克，母兔体重为 4.6 千克，平均胎产仔数为 9.05 只，日增重 50 克，饲料转化率为 2.8∶1。

伊拉母系（C 系）：为中型兔，全身被毛为白色，头清秀，耳大直立，两耳中等长，颈粗短，体躯呈圆筒形，胸肋肌肉丰满，后躯发达。成年公兔体重为 4.5 千克，母兔体重为 4.3 千克，平均胎产仔数为 8.99 只，日增重 50 克，饲料转化率为 2.8∶1。

伊拉母系（D 系）：为中型兔，全身被毛为白色，体躯呈圆筒形，胸肋肌肉丰满，后躯发达。成年公兔体重为 4.6 千克，母兔体重为 4.5 千克，平均胎产仔数为 9.33 只，日增重 50 克，饲料转化率为 2.8∶1。

3）伊普吕配套系肉兔。伊普吕配套系肉兔由法国克里莫兄弟公司与图卢兹法国国家农业科学研究院合作育成，共有 8 个专门化品系，为多品系配套模式，配套模式复杂。我国在引进伊普吕配套系后，经过适应性选育和配合力测定，形成了两种三系配套模式。一种模式为 GGP59 为父母代公兔，GGP22 和 GGP77 杂交产生父母代母兔，父母代公母兔杂交后产生商品代。另一种模式为 GGP119 为父母代公兔，GGP22 和 GGP77 杂交产生父母代母兔，由父母代公母兔杂交后产生商品代。

伊普吕父系（GGP59）：为大型兔，全身被毛为白色，眼红，耳朵大而厚，臀部宽圆。窝产仔数为 8～8.2 只，77 日龄体重为 3～3.1 千克，成年体重为 7～8 千克。

伊普吕父系（GGP119）：为大型兔，被毛灰为褐色，眼睛也为褐色，臀部宽厚。窝产仔数为 8～8.2 只，77 日龄体重为 2.9～3 千克，成年体重为 8 千克以上。

伊普吕母系（GGP77）：为中型兔，被毛为白色，眼睛为红色。窝产仔数为 8.5～9.2 只，70 日龄体重为 2.35～2.45 千克，成年体重为 4～5 千克。

伊普吕母系（GGP22）：为中型兔，体躯被毛为白色，眼睛为红色，鼻端、两耳、四肢端部和尾部为黑褐色，呈现“八点黑”特征。窝产仔数为 10～10.5 只，70 日龄体重为 2.25～2.35 千克，成年体重为 5.5 千克。

4）康大肉兔配套系。康大肉兔配套系是青岛康大兔业发展有限公司和山东农业大学首次在国内以引进的国外品种为主，培育的肉兔配套系，分为康大 1 号、康大 2 号、康大 3 号肉兔配套系。

康大肉兔配套系由 5 个专门化品系组成。

品系Ⅰ为母系，被毛为纯白色，成年体重为 4.4～4.8 千克；品系Ⅱ为母系，鼻端、两耳、四肢端部、尾巴为黑灰色，呈现“八点黑”特征，成年体重为 4.5～5.0 千克；品系Ⅴ为父系，被毛纯为白色，成年体重为 5.2～5.8 千克；品系Ⅵ为父系，被毛为纯白色，成年体重为 5.2～5.8 千克；品系Ⅶ为父系，被毛为黑色或灰色，眼睛为黑色，成年体重为 5.3～5.8 千克。

康大1号配套系由Ⅰ、Ⅱ和Ⅵ 3个品系组成，Ⅰ系公兔与Ⅱ系母兔杂交产生父母代母本，Ⅵ系为父本，杂交产生商品兔。康大1号配套系父母代平均窝产活仔数为10.57只。商品代10周龄的体重为2.429千克，4~10周龄的料肉比为2.98∶1。

康大2号配套系由Ⅰ、Ⅱ和Ⅶ 3个品系组成，Ⅰ系公兔与Ⅱ系母兔杂交产生父母代母本，Ⅶ系为父本，杂交产生商品兔。康大2号配套系父母代平均窝产活仔数为9.76只。商品代10周龄的体重为2.336千克，4~10周龄的料肉比为3.06∶1。

康大3号配套系由Ⅰ、Ⅱ、Ⅴ和Ⅵ 4个品系组成，Ⅰ系公兔与Ⅱ系母兔杂交产生父母代母本，Ⅶ系公兔与Ⅴ系母兔杂交产生父母代父本，父母代杂交产生商品兔。康大3号配套系父母代平均窝产活仔数为9.83只。商品代10周龄的体重为2.582千克，4~10周龄的料肉比为3.00∶1。

3. 毛用兔品种

（1）德系安哥拉兔　德系安哥拉兔原产于德国，是世界著名的毛用型细毛兔，全身被毛为白色，眼睛为红色，肩宽，四肢健壮，背线平直，后躯丰满，呈圆筒形。该系成年兔体重为3.5~4.5千克，高的可达5.5千克；年产3~4胎，胎产仔数为6~8只；被毛密度大，有毛丛结构，细毛含量高达95%以上，平均细度为12~13微米，有波浪形弯曲；被毛的结块率低，平均每年产毛量达1200克。该兔的缺点是繁殖率较低，母兔母性较差，耐高温性较差，对饲养管理的要求较高。

（2）法系安哥拉兔　法系安哥拉兔原产于法国，是世界著名的毛用型粗毛兔。该兔全身被毛为白色，眼睛为红色，面部较长，耳薄大，耳背部无长毛，少量耳尖有长毛，额毛、颊毛、脚毛较少，腹毛短。该兔胸部宽深，背平，后躯发育良好。成年兔体重为3.5~4.8千克，高的可达6.5千克。该兔适应性强，繁殖率较高，年产4~5胎，胎产仔数6~8只；被毛密度较差，粗毛含量达20%，毛品质

好，成年兔的平均年产毛量可达1000克以上，高的可达1300克，毛长可达10~13厘米。

(3) 浙系长毛兔 浙系长毛兔是我国培育的第一个国家审定的长毛兔品种，曾以镇海系、嵊州系和平阳系为名，于2010年3月通过国家畜禽遗传资源委员会审定后正式命名为浙系长毛兔。浙系长毛兔的头型较大，眼睛红色，四肢健壮，肩宽胸深、臀部宽圆；体型大，成年兔体重为5千克以上；全身被毛洁白、有光泽，有明显的毛丛结构，绒毛密，平均产毛量可达1500~2000克。母兔的母性好，年产3~4胎，胎产仔数6.8只，适应性强，抗病力高。

(4) 皖系长毛兔 皖系长毛兔属于粗毛型长毛兔，于2010年8月通过国家畜禽遗传资源委员会审定。皖系长毛兔头型中等，宽圆，两耳直立，耳尖少毛或一小撮毛，眼睛为红色，胸部宽深，背腰平直，臀部钝圆；全身被毛为白色，浓密，不结块，毛长7~12厘米，粗毛多且突出于绒毛表面，平均产毛量在1050克以上，粗毛率为15%~20%。成年兔体重在4.1千克以上，母兔年产3~4胎，胎产仔数为7.2只。

(5) 苏系长毛兔 苏系长毛兔属于粗毛型长毛兔，于2010年5月通过国家畜禽遗传资源委员会审定。苏系长毛兔的头型椭圆，眼睛为红色，两耳直立，耳尖多有撮毛；背腰宽圆，腹部紧凑有弹性，四肢强健；全身被毛洁白，浓密，平均产毛量为900克，最高可达1300克。该品系兔体型大，成年体重为4.5千克以上，年产5胎，平均每胎产仔数为7.1只。

4. 皮用兔品种

(1) 美系獭兔 美系獭兔原产于美国，头清秀，眼大且圆，耳长中等、直立，颈部稍长，肉髯明显，体躯结构匀称，四肢强健有力，肌肉丰满。成年兔体重为3.5~4.0千克，母兔繁殖力强，母性好，泌乳力高，胎产仔数为6~8只，初生仔重为40~50克；被毛品质好，粗毛率低，平整度高，适应性好，抗病力强。其缺点是体型偏小，有些地方品种退化比较严重。

(2) 德系獭兔 德系獭兔原产于德国，该兔头方嘴圆，耳宽大直立，颈部较短，全身结构匀称，胸深，背平直，四肢粗壮有力；被毛浓密、平整性好、弹性好。成年兔体重为4~5千克，每年繁殖4~6胎，胎产仔数为6~7只。该系獭兔引入我国后，通过与美系獭兔杂交，极大地提高了生长速度和被毛品质。

(3) 法系獭兔 法系獭兔原产于法国，该兔头圆，嘴巴平齐，耳朵较短，颈部较粗，无明显肉髯，肩宽，胸深，背平直；被毛浓密，平整度好，毛纤维长1.55~1.90厘米，粗毛比例小。成年兔体重为4.5千克，繁殖力高，泌乳力强，年产4~6胎，胎产仔数6~9只。该兔的缺点是对饲料营养和饲养管理的要求均高。

(4) 四川白獭兔 四川白獭兔是四川省草原研究所培育的白色獭兔新品系。该兔头型中等，两耳直立，眼睛呈粉红色，体格匀称，肌肉丰满，臀圆，四肢有力；全身被毛为白色，毛浓密，色泽光亮。成年兔体重为3.5~4.5千克，被毛密度大，细度为16~19微米，长度为1.8~2.2厘米。4~5月龄性成熟，6~7月龄体成熟，母兔平均胎产仔数为7.3只。该兔具有适应性好、抗病力强等优点。

5. 兼用兔品种

(1) 福建黄兔 福建黄兔是由福建省福州各县市经长期自繁自养和选择而形成的一种地方家兔品种，为小型皮肉兼用兔。福建黄兔全身被毛为深黄色或米黄色，背毛粗短，下颌沿腹部到胯部呈白色毛带。头清秀，两耳小而直立，耳端钝圆，眼睛呈棕褐色或黑褐色。身体结构紧凑，背腰平直，四肢强健。成年公兔体重为2.75~2.95千克，成年母兔体重为2.80~3.00千克。30日龄个体重为356.49~508.77克，3月龄个体重为1523.7~1769.1克，6月龄个体重为2817.5~2947.45克。母兔一般年产5~6胎，窝产仔数为7~9只。该兔耐粗饲、抗病力强，能适应粗放的管理方式，也可放在野外和干

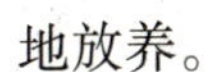

地放养。

（2）闽西南黑兔　闽西南黑兔又称福建黑兔，在闽西地区俗称上杭乌兔或通贤乌兔，在闽南俗称德化黑兔，于2010年7月通过国家畜禽遗传资源委员会鉴定，是小型皮肉兼用型地方品种，主要分布在上杭、长汀、武平、德化、漳平、新罗、永春、安溪、三明和大田等县市。闽西南黑兔头清秀，大小适中，耳短厚直立，眼睛呈暗蓝色。体型小，结构紧凑，背腰平直，四肢健壮有力。大多数闽西南黑兔被毛乌黑发亮，脚底毛呈灰白色，少数兔鼻端或额部有点状或条状白毛。成年公母兔平均体重为2.2～2.3千克，母兔5～5.5月龄、公兔5.5～6月龄适配。年产5～6胎，平均胎产仔数为5.87只。该兔耐粗饲、适应性广、肉质好。

（3）豫丰黄兔　豫丰黄兔是由太行山兔与比利时兔杂交选育而成的，于2009年3月通过国家畜禽遗传资源委员会认定，属于中型皮肉兼用型品种。豫丰黄兔头大小适中，耳薄直立，耳端钝，眼圈白色，眼球黑色。胸深，背腰平直，臀部丰满，四肢强健有力。全身被毛为黄色，腹部被毛为白色，有些腹股沟有黄色斑块，也有棕黄色、黑色、微黄色和红色的。成年兔体重为4.5～5.0千克，6月龄适配，年产5～6胎，平均窝产仔数为9.82只。该兔适应性强、耐粗饲、抗病力强，产肉性能好。

（4）云南花兔　云南花兔又称曲靖兔，分布在曲靖、丽江、文山、临沧、昆明、大理等地，是小型皮肉兼用型地方品种。云南花兔体型小，头小，呈倒三角形，嘴尖，耳短小直立，部分兔成年后有垂髯。腰短，臀部略下垂、尖削，腹部大小适中，四肢粗短、健壮。该兔有多种毛色，以白色为主，其次是黑色，还有黑白色混杂的，少数为麻色、草黄色或麻黄色。该兔成年后体重为2千克左右。母兔适配年龄为18周龄，体重约2.1千克。公兔的适配年龄为21周龄，体重为2.0千克。母兔年产7～8胎，窝产活仔数为7.7只。该兔适应性广，耐粗饲，抗病力强。

二、做好家兔引种及引种后的饲养管理

1. 做好家兔的引种工作

引种是兔场进行正常生产的一项重要工作，引种合理与否直接关系到兔场建设的成败。在引种时一定要做好充足的准备，确保引进优质的种兔。引种时要注意以下问题：

（1）选择品种 在引种前，一定要进行广泛的市场调研，根据市场需求和自身优势，确定饲养家兔的经济类型，选择生产性能好、适应性强、遗传性能稳定、市场竞争力强的优良种兔。

（2）选择供种场 要从无特定病源区内或无公害标准种兔场内引进种兔。在引种前应对供种单位进行全面考察，了解引种场的技术实力和管理水平，种兔的纯度、代次、生产性能、疫病及价格等情况。最好同时多考察几个供种单位，以便进行鉴别比较，然后确定技术水平高、口碑好、有县级以上人民政府畜牧行政主管部门批准的“种畜禽生产经营许可证”的种兔场。若遇到传染病流行，应暂缓引种。

【提示】

最好从不同种兔场引进种兔，彻底避免近亲繁殖，决不能到农贸市场购买种兔。

（3）做好引种前的准备工作 引种前要将兔舍建好，将兔笼安装好，或者确定引进种兔的隔离区域，以免疾病传播。进兔前一周要对兔场进行全面的清理和消毒，并准备好饲料、饲草、抗应激药物等。

（4）确定引种的数量 新建兔舍第一次引种时，引种数量少了会浪费劳动力，影响经济效益，引种多了会增大风险，所以应根据自身的投资额度、技术水平确定家兔的引种数量。一般小型养殖户宜引进 100 只种兔，中型兔场可引进 300 ~ 500 只种兔，待养兔技术成熟时再扩大引种规模。若大量引种，可从多个兔场引种，这样可确保种

兔的质量和避免近亲交配。

(5) 选择合适的季节引种 春、秋季气候条件适宜，是一年四季中引种的最佳季节。夏季气温较高，冬季气候寒冷，容易使家兔产生较大的应激反应，极易造成病害，甚至引起死亡。如果必须引种，则可在夏季的清晨或傍晚和冬季气候温暖时引种。

(6) 严格挑选种兔 在购买种兔时，应派有经验的人挑选种兔，对所购种兔的品种特征、年龄、体况、性别、健康状况等进行严格的检查。检查种兔的口、鼻、眼、耳、肛门和外阴部是否干净，若有污物黏附，再进一步检查健康状况，或者直接剔除。检查种兔的生殖器官是否正常，有无炎症，不能选择有单睾或隐睾的公兔，母兔的乳头应在 4 对及以上。应要求引种场提供完整的系谱档案，公兔和母兔的血缘关系宜远，或者公母兔来自不同的品系。若运输时间短，引种种兔的年龄以 3～4 月龄为宜，若运输时间长，则以 8～10 月龄为宜。应向引种场了解种兔的防疫注射情况，以便及时补种疫苗。

【注意】

注射疫苗后 1 周之内的家兔不能起运，以免引起强烈的应激反应，造成不必要的损失。

2. 做好种兔的运输

种兔胆小怕惊，环境的变化和运输途中的颠簸都会引发种兔强大的应激反应，轻者会造成精神萎靡，重者能使其死亡，因此在运输时要做好每一个环节。种兔在运输前不能喂饱，以 7～8 成饱为宜，装笼时要将公母兔分开。可以用铁丝笼、纸箱、竹制品、塑料笼等作为运输笼，笼高 25 厘米左右，通风良好。笼底部要设置防震装置，上下层要用防水材料隔开。短途运输时，中途不喂任何东西；长途运输时，中途可喂胡萝卜、水果、青干草、从原养殖场带来的饲料等，切忌喂得过饱。在运输途中应加强检查，一旦发现异常应及时处理。

【注意】

装笼前一定要进行全面健康检查和检疫，向当地主管部门领取检疫证、运输证明后方可起运。

3. 做好引种后的饲养管理

由于长途运输产生的应激反应会使新引进的家兔体质下降，抗病力减弱，因此，应该加强引种兔的饲养管理。

（1）暗光静养 在种兔卸车之后，应立即转入兔舍内，保持环境安静，尽量营造暗光或弱光的环境，使种兔能够安心休息，以缓解运输途中的应激反应。

（2）合理饲喂 种兔刚进入兔舍时，首先要进行休息，1 小时后可供给饮水。也可在饮水中添加 5% 葡萄糖、1% 食盐、0.01% 高锰酸钾或适量电解多维。24 小时后开始喂饲料，但饲喂量要循序渐进。第一天的喂料量为平时采食量的 50%，3 天后恢复到正常饲喂量。

（3）注意饲料更换 突然更换饲料会改变种兔肠道微生物菌群结构，诱发消化道疾病。开始喂料时要饲喂从原种兔场带来的饲料，随后逐渐用本兔场的饲料替代原兔场的饲料。

（4）加强消毒防疫 将引进种兔放入隔离兔舍进行隔离期间，要密切观察，一旦发现异常，应立即采取措施进行处理。同时，要增加消毒次数，及时补种相应的疫苗。20～30 天后，待确认隔离种兔无重大疫情后方可转入新兔舍。

【注意】

应避免和原兔场内的饲养人员接触，以免引起兔病传播。

第四章
抓配种促生产，向繁殖要效益

第一节　家兔繁殖存在的误区

家兔繁殖是兔场生产的基础，兔生产的目的是让母兔繁殖更多的仔兔，获得更大的经济效益。然而，不科学的繁殖制度和繁殖方法严重影响了种兔的健康和使用年限。

一、提前初配

一般来说，在正常发育的情况下，3 月龄的家兔就有发情表现。然而，育成兔的身体发育并未成熟，过早交配会使母兔的生长发育受阻，母体成年体重小，产乳少，产仔兔少，初生仔兔体重小，仔兔成活率低。因此，在生产中应根据家兔的经济用途、品种、品系的发育特点，确保在达到体成熟的情况下才能初配。

二、过度利用公兔

为了节约养殖成本，饲养少量的公兔。公兔频繁配种或被采集精液，将严重影响公兔的生精能力和精液质量，也会缩短公兔的使用寿命。在生产中，应根据公兔的年龄、体况、季节等因素，确定种兔的配种或采精频次，避免过度使用。

三、持续血配

不少养殖场为了让家兔多产仔兔，基本上不考虑母兔的体况和气候对母兔带来的影响，连续采用血配，母兔处于持续交配、怀孕、产仔中，导致母兔死亡率高，产弱仔多，幼仔兔成活率低，使养殖场得不偿失。在生产中，应该根据具体情况确定是否血配。若母兔正值壮年，体况好，可以采用血配，但不能连续血配。若母兔产仔过少，无其他仔兔寄养，可以采用血配。

四、近亲交配严重

不少养殖场自己留种，但又缺乏详细的生产记录，或群体太小，导致公母兔血缘关系过近，产生近亲交配，品种退化严重。为了避免近亲交配，兔舍应有详细的生产记录，或者到其他种兔场引入公兔。

【注意】

因为近距离兔场的公兔也可能是近亲，所以最好到距离较远的兔场引进种公兔。

五、舍不得淘汰种兔

有些养殖场只要是种兔还能用，就不愿意淘汰有病的或者 3 年以上的老龄种兔，导致生产力低下。在生产中，应及时淘汰患病、精子质量差、受胎率低、母性差、泌乳能力弱的种兔，保持兔群的高效生产。

第二节　提高家兔繁殖技术的主要途径

一、了解家兔生殖器官的特点

1. 公兔生殖器官的特点

家兔的睾丸左右各 1 个，呈卵圆形，在胎儿时期位于腹腔中；在 1 ~2 个月时，下降到腹股沟内，但在体外没有形成明显的阴囊；2.5 月龄后，睾丸下降到阴囊内，在体表即可摸到成对的睾丸。兔的腹股沟终生不封闭，所以睾丸在腹腔和阴囊之间游走。

如果成年公兔的睾丸一直在腹腔，不降入阴囊，则是隐睾。隐睾可分为单侧隐睾和双侧隐睾，双侧隐睾没有生殖能力。在选种时，应

将公兔平放在台面上，或者将公兔的头向上提起，用手轻拍腹部，或在腹股沟处轻轻挤压，即可将睾丸降下来。不管是单侧隐睾，还是双侧隐睾，都不宜留种。

2. 母兔生殖器官的特点

母兔的子宫属于双子宫，两个子宫各有一个宫颈共同开口于阴道，但互不相通，所以两侧子宫里附植的胚胎数不一定相等。子宫颈有发达的括约肌，在非发情期和妊娠时紧闭，在发情和分娩时才打开。

二、了解家兔精子和卵子的发生

兔的生殖细胞主要为精子和卵子。精子和卵子结合，形成受精卵，受精卵在子宫内着床后发育成胚胎。

1. 精子的发生

在曲精细管内，由精原细胞→精母细胞→精细胞逐步分化的过程称为精子的发生。在曲精细管上皮组织中的精原细胞经有丝分裂后形成初级精母细胞，初级精母细胞经过两次减数分裂形成四个精细胞。精细胞在经过复杂的形态学变化后形成精子。精子在精细管的蠕动下进入附睾，在附睾中经 8 ~ 10 天后成熟。待公、母兔交配时，精子通过输精管进入尿道，和各副性腺的分泌物混合后成为精液射出。

2. 卵子的发生

雌性生殖细胞分化和成熟的过程称为卵子的发生。母兔的卵原细胞经过增殖，发育成初级卵母细胞，初级卵母细胞又经过两次减数分裂后形成卵细胞。

在卵泡细胞发育成熟后，卵子从卵泡中释放出来。然而，家兔是刺激性排卵的动物，母兔经过交配刺激后，经过 10 ~ 12 小时卵子从卵巢中排出。在每个发情周期中，母兔可排出 18 ~ 20 个卵子。

三、清楚家兔性成熟时间、初配年龄和使用年限

1. 性成熟时间

当初生的仔兔发育到一定月龄时，性器官逐渐发育成熟。一般来

说，当公兔的睾丸能够产生成熟的精子，母兔的卵巢能够产生成熟的卵子，并开始分泌性激素时，公、母兔就达到了性成熟。家兔为早熟动物，随品种、性别、体型大小、营养水平、气候环境等的不同，性成熟的月龄也不相同。小型品种兔比大型品种兔早熟，营养水平高的兔比营养水平低的兔早熟，气候热的地方的兔比严寒地方的兔早熟。中型品种兔在 3 月龄时就可以达到性成熟，而大型品种兔要 4～5 月龄时才能达到性成熟。

【提示】

在家兔达到 3 月龄时，应将公母分开饲养，以免早配。

2. 初配年龄

当家兔达到性成熟时，机体各器官仍处于发育状态，需要继续生长，当育成兔体重达到成年兔体重的 80%～85% 时，方可进行繁殖。如果配种过早，将会影响育成兔的生长，所产仔兔初生重小、体质弱。不同品种的家兔配种年龄有较大差异，一般为 4～7 月龄，初配体重为 2.5～3.5 千克。

3. 种兔使用年限

种兔的繁殖能力随着年龄的增长而下降，通常利用年限为 1～3 年。达到淘汰年龄的兔虽然仍能正常配种，但由于泌乳能力变差，导致仔兔的体质变弱，成活率降低，所以应及时将其淘汰。兔场最好按照老中青 1∶1∶1 的比例配置，及时更新种兔，形成稳定的种用规模。

四、适时配种

母兔一年四季均可发情，春秋季表现明显，而夏季和冬季则较差。母兔的发情周期通常为 8～15 天，持续 3～5 天。母兔发情时，骚动不安，到处走动，刨笼底板，食欲减退。可通过外阴黏膜的颜色、水肿或湿润状况来判断母兔的发情状况。从民谣“粉红早、黑紫迟、大红正当时”就可判断配种的最好时机。

五、掌握配种技术

家兔的常见配种方式有3种，分别为自然交配、人工辅助交配和人工授精。

1. 自然交配

自然交配就是将公、母兔混养在一起，公、母兔自由交配。自然交配的优点是方法简单，能及时配种，节省劳动力。然而，由于公、母兔混养在一起，无法进行选种，无法控制血缘，有可能造成品种退化。公、母兔混养时，公兔经常追逐母兔，体力消耗大，缩短公兔的利用年限。这种交配方式难于确定配种日期和分娩日期，无法准确接产。群养时兔子间互相追逐，易造成流产。这种方法在生产中应用较少，不推荐使用。

2. 人工辅助交配

在公、母兔分笼或分群饲养时，经过发情鉴定，将发情的母兔放入公兔笼中，公兔随即迎合，开始追逐。发情旺期的母兔过一会儿就会趴卧在笼底板上，公兔爬跨到母兔身上进行交配，若看到公兔尾根有抽动动作，并听到“咕”的声音，公兔从母兔侧身倒地，则表示配种成功。整个配种过程持续3~5分钟即可完成。

在公兔发情状况非常好时，如果母兔不愿意配种，可以采用强制性配种。操作人员用左手抓住母兔的颈部皮肤和耳朵，右手将母兔尾根拨向一边，或者用细绳拴住尾根向前拉，暴露会阴，便于公兔爬跨并交配。

人工辅助配种结束后，将母兔从公兔笼中取出，并将母兔臀部抬起，用手拍一下臀部，防止精液外流。同时，做好配种记录，为以后的摸胎和接产做准备。清晨或傍晚时的家兔非常活跃，此时配种的成功率较高。冬季天气寒冷，于中午配种为宜。人工辅助配种方法简单，配种成功率高，但劳动效率低，是小规模养殖场最常用的配种方法。

【小经验】

可把配种日期和摸胎日期写在兔笼外，配种成功打√，配种不成功打×，以方便生产管理（图4-1）。

图4-1　配种标记

3. 人工授精（彩图12）

人工授精是将种公兔的精液采集出来后，经过品质检验和适当稀释处理后，输入到母兔体内的一种方法。人工授精技术是家兔生产中比较高效的方法，适用于规模化养殖场。

人工授精的优点：①可大大提高公兔的利用率，每只公兔的精液可给10~20只母兔配种；②减少公兔的饲养量，可降低饲养成本；③避免传统配种时公兔和母兔肢体接触造成的疾病，降低疾病的发生概率；④在人工授精时检查公兔的精液，使配种更为高效，提高母兔的受胎率；⑤可以实现批次性操作，为工厂化养殖奠定基础。

人工授精的缺点：①技术上要求高，需要学习；②操作不当会对母兔的生殖系统造成伤害，导致母兔的淘汰率偏高。

（1）采精前的准备

1）器械清洗、消毒。人工授精所用的器械如集精杯、假阴道、输精管（图4-2）等都必须彻底清洗消毒（图4-3）。可将器械用牛皮纸包裹后放在高压灭菌锅中，或在105℃的干燥箱内烘干30分钟。不耐高温的器械也可用0.01%高锰酸钾溶液浸泡，或用75%酒精消毒，随后用无菌的生理盐水冲洗。

图4-2 输精管

图4-3 消毒前的准备工作

2）假阴道的制作。兔的假阴道由外壳和内胆组成。外壳可用塑料管或硬质橡胶管代替，内胎可用剪去顶部的避孕套代替。在安装时，将内胎的两端从外壳里翻出，再用橡皮筋扎紧。从内胎的小孔中灌入的15～20毫升50～55℃热水，使胎内温度达到40～42℃。假阴道的松紧要合适，内胎呈三角形。当公兔爬跨时，内胎温度最好保持在39.5～40℃。

3）采精公兔的调教。为了能顺利采精，最好在公兔达到成年体重的70%时进行调教。在调教时，将健康发情的母兔放入公兔笼中，让其爬跨，但不让其配种。经过多次训练，公兔只要看到兔或假台兔就会主动爬跨。

（2）采精 采精时，用左手抓住母兔的耳朵和颈部皮肤，使其后躯朝向笼内，用右手的拇指、食指和中指握住假阴道，无名指和小指握住集精管，放入母兔两后肢之间，紧贴母兔阴户，待公兔爬上母兔后躯伸出阴茎后，立即用假阴道套住公兔阴茎，待公兔后肢一挺，发出“咕咕”的叫声，身体倒向一边时，表示采精结束。将集精管取下后，换成另外一只集精管，进行下一只公兔的采精。

【提示】

注意检查假阴道内热水的温度是否适宜，要及时更换。

（3）精液品质检查 应在采精后立即采用外观检查和显微镜检查两种方法进行精液品质的检查。

1）外观检查。正常公兔的精液呈乳白色，有时略带黄色，浑浊而不透明。新鲜的精液有特殊的腥味，但不臭。颜色过白、发红、发绿或水样的精液都是不正常的精液。

2）显微镜检查。用乳头滴管吸入少量精液滴在载玻片上，将盖玻片盖好，在200～400倍显微镜下进行观察。在显微镜（图4-4）下观察时，要从精子密度、精子活力和畸形率三个方面进行观察。

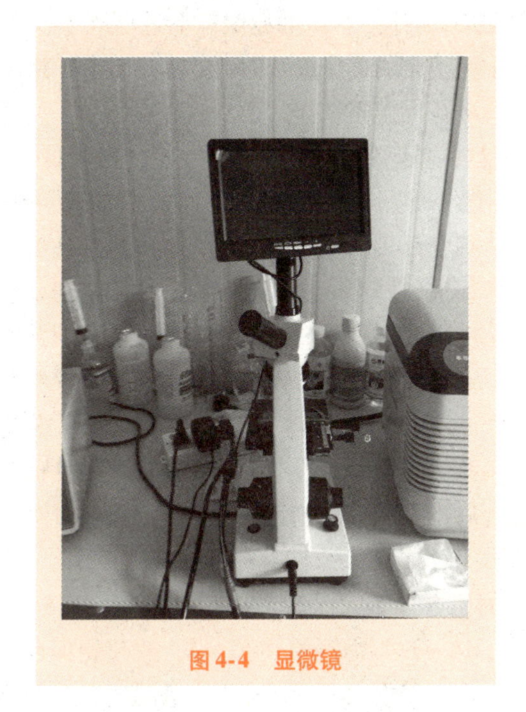

图 4-4　显微镜

① 精子密度。观察时若视野中精子密密麻麻，几乎无缝隙，则可评定为“密”；若精子间的缝隙能容纳 1 ~ 2 个精子，则评定为“中”；若精子之间的缝隙可以容纳 2 个以上精子，则评定为“稀”。只有中级以上的精子才能使用。

② 精子活力。精子活力通过精子直线运动、旋转运动和摇摆运动的比例来判别。精子活力可用“十分制”来计分，若直线运动的精子占 100%，则评为 1.0 分；若有 90% 的精子呈直线运动，则为 0.9 分，以此类推。常温精子的活力达到 0.6 分以上，才能保证母兔的受胎率。

③ 畸形检查。观察精液中畸形精子如双头、双尾、大头小尾、头部轮廓不明显、颈部缺陷、畸形、断尾、无头、无尾或尾部卷曲等类精子所占的比例。在检查时，应将精子涂抹在载玻片上，自然晾

干、染色、固定后在400～600倍显微镜下进行观察，在至少三个视野中数出100个精子中的畸形精子数，计算畸形率。精子畸形率低于20%的精液方可进行人工授精。

（4）精液稀释 正常情况下，公兔一次的射精量为0.4～1.5毫升，有2亿～5亿个精子，如果只输给1～2只母兔，则会造成很大的浪费。将精液稀释后可输给多只母兔，提高优质公兔的种用价值。

可用市售的精液稀释液或精液稀释粉，按照使用要求对精液进行稀释。最好在精液采集后30分钟内完成稀释，这样才能保证精子的活力。在稀释时，应根据精子活力、精子密度确定稀释倍数。在稀释时，将30～35℃的稀释液缓缓注入精液中，用玻璃棒轻轻搅动，或者轻轻旋转集精瓶进行稀释，使之混合均匀。通常精液以稀释5～9倍为宜。在混合后也可用玻璃棒蘸取一点精液，在显微镜下观察精子密度和精子活力。

（5）精液的保存与运输 精液应现配现用。如果需要保存，应将稀释精液放在16～18℃保温箱（图4-5）中进行保存，并在2天内用完。精液在运输过程中，尽量保持恒定的温度，避免剧烈震荡，不宜长距离运输。在使用精液时，要先将精液慢慢升温至25℃以上方可进行输精。

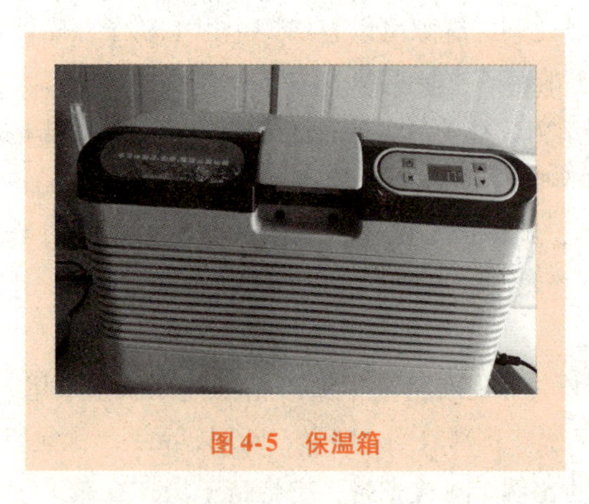

图4-5 保温箱

(6) 输精 一名操作者用左手抓住母兔的耳朵和颈部皮肤，另一只手托住臀部并向上抬起，另一名操作员在消过毒的输精枪上套上输精管，然后将输精枪小心地沿阴道壁插入阴道中（图 4-6）。当遇到阻力时，将输精枪外抽，换个方向再向前轻推，待插入 7～12 厘米，接近子宫颈口附近时，遇到阻力后稍回抽一点，将 0.5 毫升的精液缓缓输入母兔体内。输精结束后，将输精枪缓缓回抽，然后给每只兔肌内注射 0.5～1.0 微克促黄体素释放激素 A_3，同时轻拍其臀部防止精液外流。

图 4-6 输精

【提示】

在输精时应注意一根输精管只能用于一只母兔。将输精枪插入母兔阴道时动作一定要轻，遇到阻力时要及时往回抽，防止由于过度用力造成母兔阴道损伤。

第三节 提高兔群繁殖力的主要途径

繁殖性能是指兔繁殖后代的能力。兔群繁殖力的高低反映兔场的

经营水平和经济效益。

一、掌握衡量兔繁殖力的指标

繁殖性能主要包括母兔受胎率、产仔数、初生窝重、21 天窝重、断乳仔兔数、断乳窝重等项目，反映母兔的繁殖能力和繁殖潜力。

1. 受胎率

受胎率是指母兔配种后的受胎数占参加配种母兔数的百分比。

2. 产仔数

产仔数是指母兔分娩仔兔的数量。

3. 产活仔数

产活仔数指母兔分娩 24 小时后存活的仔兔数量。

4. 断奶成活率

断奶成活率是指断奶时一窝仔兔中成活的仔兔数占初生仔兔数量的百分比。通常将断奶成活率和断奶仔兔数一起进行评定。

5. 窝重

窝重指母兔所带一窝仔兔的总重量，可分为初生窝重、21 天窝重和断奶窝重。

初生窝重是指一窝初生仔兔的重量。

21 天窝重是指在 21 天时一窝仔兔的重量。通常用母兔带 8 只仔兔在 21 日龄的窝重来表示母兔的泌乳能力，也能预测仔兔的生产性能。

断奶窝重是指在断奶时整窝仔兔的重量。

目前国际上对兔群繁殖力的评价指标通常用一个母兔笼位年贡献上市商品兔的数量，或者一次人工授精所能获得商品兔的数量。

对母兔繁殖性能的评价通常用母兔在正常的环境和饲养管理条件下所表现出的生产性能。一般来说，母兔一年可繁殖 4 ~ 7 胎，每胎的产仔数为 6 ~ 10 只，繁殖年限为 2 ~ 3 年。母兔长年可以繁殖，但季节差异大，春季、秋季和冬季受胎率可达 80% 以上，而夏季天气炎热时的受胎率只有 20%～30%。

二、分析影响兔繁殖力的因素

1. 环境温度

环境对家兔的繁殖性能影响很大。环境温度连续几天超过 30℃，可使公兔性欲降低，精液品质恶化，精子密度减少、活力下降、畸形率提高；母兔发情异常，导致受胎率降低，产仔数及产活仔数减少。夏季气温在 35℃以上，且持续几天，将导致公母兔“夏季不育”。高温过后，虽然公兔的性欲可迅速恢复，但精液品质的恢复需要 2 个月左右。低温对家兔的繁殖性能也有影响。环境温度低于 5℃，可使公兔的性欲降低，母兔发情异常，受胎率降低。

2. 日粮营养

日粮营养水平维持着内分泌系统的正常机能，影响性激素的合成和释放。日粮营养水平过低影响未成熟家兔性器官的发育，推迟初情期，降低公兔精液品质和母兔的受胎率。但营养水平过高，种兔过肥，种兔生殖系统沉积大量脂肪，影响母兔卵巢中卵泡的发育和排卵，影响公兔精子的生成，导致性欲降低。

3. 种兔使用

种兔较长时间不交配会影响繁殖性能。如果公兔长期不用易出现死精或畸形精子，首次配种后要经过第二次复配。若进行人工授精，要倒掉第一次采集的精液。如果种公兔交配过频会导致采精频率过高，使公兔早衰，降低母兔的受胎率。如果母兔初配过迟或长期空怀会降低母兔的受胎率。如果母兔配种过频，会导致母兔体弱、早衰，降低母兔的受胎率和仔兔的成活率。

4. 家兔年龄

家兔在 1 岁以前体成熟时即可繁殖，但最佳繁殖年龄为 1～2.5 岁。2.5 岁或 3 岁后，家兔的体况开始下降，繁育性能随之下降，不宜再繁殖后代，应及时淘汰。

三、掌握提高繁殖力的措施

1. 严格选种

遗传因素影响公母兔的繁殖性能，所以应该严格选种。将精液品质好的公兔后代和母性好、产仔多、窝重大、成活率高的母兔后代留作后备兔。留种公兔不能有隐睾，母兔应有四对以上乳头，阴户健康。及时淘汰屡配不孕、产仔少、母性差、泌乳性能差的母兔和精液品质差的公兔。

2. 合理营养

在生产中应根据种兔品种、环境、气候、年龄、生理状态等提供合理的营养。在饲料中提供均衡的能量、氨基酸、维生素和矿物质，维持种兔合适的体况，保证繁殖性能的正常发挥。

3. 良好环境

控制环境温湿度是改善繁殖性能的主要措施之一。在夏季天气炎热的地区采用兔舍遮阳、兔场绿化、湿帘降温等措施进行降温，在冬季寒冷地区可以通过密封兔舍，生火炉等措施取暖。通过灯光补充催情，提高母兔发情率和受胎率。通过环境控制，调节湿度，改善种兔的健康。

4. 人工催情

如果母兔长期不发情，拒绝交配而影响繁殖，可采用孕马血清促性腺激素、灯光催情（彩图 13）、按摩母兔外阴部、将公母兔放在一起追逐、将母兔提前断奶等多种方式进行催情，在配种后再用促排卵素 3 号加强排卵，提高种兔的繁殖能力。

5. 重复配种和双重配种

重复配种在母兔第一次交配后的 5 ~ 6 小时进行，再用同一只公兔交配 1 次。一般来说，只要公兔精液正常、母兔发情排卵正常，交配 1 次即可怀孕。然而，对于久不配种的公兔，第一次配种会产生很多衰老和死亡的精子，为了确保怀孕，需要进行重复配种。

双重配种是指在配种后20～30分钟，让一只母兔连续与2只不同的公兔交配。这是因为2只不同公兔的精子之间产生竞争，可增加母兔的受胎率和仔兔的成活率。双重配种会混淆血统，只适合商品兔的生产。

6. 预防疾病

种兔生殖系统疾病严重影响繁殖力。在生产中，应随时观察种兔的健康状况，筛查发病情况。一旦发现公兔患睾丸炎、附睾炎，母兔患阴道炎、子宫炎或输卵管炎，要及时采取治疗措施。对于治疗效果较差或没有治疗价值的应及时淘汰。

第五章
科学配制饲料，向成本要效益

第一节　饲料的误区

一、忽视维生素A的添加

维生素A是一种脂溶性维生素，是细胞代谢必不可少的重要成分，有促进骨骼健康、维持上皮细胞功能、促进胚胎发育等重要的生理作用。然而，在生产中存在不添加维生素A或维生素A的添加量不足，造成母兔受胎率低、流产率高、产仔少、仔兔不开眼等问题，所以在饲料中应注重维生素A的添加。

二、忽视粗饲料的添加

粗纤维是维持家兔肠道形态结构完整、肠道菌群平衡的重要营养素。有些养殖户为了追求兔的生长速度，大量饲喂精饲料，忽视粗饲料的添加，或者少量添加粗饲料，导致兔消化机能紊乱，家兔出现胀肚、拉稀、腹泻等问题。因此，应注意家兔特殊的生理特点，在饲粮中添加粗饲料，并确保饲料中粗纤维达到正常水平。

三、忽视饲料霉变的危害

家兔对饲料霉变特别敏感，饲料霉变可使家兔出现腹胀、腹泻、便秘、流产、死胎等问题，给生产带来严重损失。然而，生产中存在饲喂霉变饲料，导致家兔生产性能下降，严重的导致家兔大批量死亡的现象。因此，在生产中应严把饲料质量关，杜绝选用发霉变质的原

料。在饲料的贮存中，注意保持贮存室的通风干燥。可在饲料中添加适量的防霉剂或毒素吸附剂。

四、忽视青饲料的饲喂

青饲料喂兔有许多好处，有条件的兔场可适量饲喂。然而，有的养殖户不注意青饲料的选择，引起兔中毒；有的养殖户饲喂带露水、泥沙的青饲料，引起兔腹泻。在生产中，一定要避免饲喂有毒的青饲料，如土豆秧、番茄秧、落叶松、金莲花、白头翁、落叶杜鹃、野姜、飞燕草、蓖麻、白天仙子、水芋、野葡萄秧、玉米苗、高粱苗等。另外，一定要多检查，严防将喷过农药、被粪尿或化肥污染的青饲料喂兔。

五、滥用饲料添加剂

不少养殖户缺乏专业知识，没有经过系统培训，视饲料添加剂为提高生产性能的万能药，不注意配伍禁忌，加大添加量，结果适得其反，不仅加大了饲料成本，还破坏了营养物质的平衡。如果需要使用添加剂，应在专业人员的指导下科学使用。

第二节　提高饲料利用率的主要途径

一、了解饲料中的营养成分

家兔的各种营养是从饲料中获得的，通过测定植物性和动物性饲料的化学成分发现，植物和动物性饲料都含有 4 种主要化学元素，即碳、氢、氧、氮，含量共占植物和动物性饲料的 90% 以上。除了上述主要化学元素外，还有少量的硫、磷、铁、钾、钙、镁、碘、钠、氯、锰和钴等。家兔在生长、繁殖及换毛的过程中，必须从饲料中摄入足够数量的化学元素，才能维持正常的生命活动。在植物和动物体中，这些元素并不是单独存在的，而是以构成复杂的化合物，如蛋白质、脂肪、碳水化合物、矿物质、维生素及水等的形式存在。

1. 水

各种饲料都含有水，但不同种类的饲料含水量有很大差异，通常为5%~95%。家兔体内水大约占70%，其中大约有40%存在于细胞内，20%存在于组织内，5%在血液里。动物失去机体中的全部脂肪、肝糖，甚至失去一半蛋白质，还可以勉强存活，但若脱水5%则食欲减退，脱水10%则生理失常，脱水20%即可致死。

水是组织器官的一部分，也是营养物质消化吸收的介质，并为身体运送营养素，乳汁及体液的形成等都离不开水。水不仅可以将代谢产生的热送到动物体各部位维持体温，而且还可以将多余的热送出体外，从而起到调节体温的作用。家兔在夏季通过呼吸道蒸发水分，是其调节体温的一种方式。

家兔对水的需要量因生长发育阶段、环境条件、饲料的进食量、饲料中蛋白质和食盐含量、妊娠、泌乳等因素而异。妊娠和哺乳期需水量增加，如兔乳中含水量为70%，兔每日产乳250克时，其中水就占175克。

家兔患传染病（巴氏杆菌病、副伤寒等）或饲料中毒时，会出现食欲减退或拒食现象。增加饮水次数，对机体排泄有毒产物，促进身体机能的恢复都是有利的。如食盐中毒，加强饮水会迅速恢复健康。

2. 蛋白质

蛋白质是构成家兔体组织的基本原料。家兔的肌肉、神经、结缔组织、皮肤、血液等，均以蛋白质为基本成分。例如，球蛋白是构成组织的原料，白蛋白是构成体液的原料。家兔体表的各种保护组织如毛发、蹄、角等，均由角质蛋白与成胶质蛋白构成。蛋白质也是家兔体内酶、激素、抗体、色素、肉、乳、毛等的成分。

蛋白质可以代替碳水化合物及脂肪产热。当家兔体内供给热能的碳水化合物及脂肪不足时，蛋白质也可以在体内经分解、氧化释放热能，以补充碳水化合物的不足。多余的蛋白质可经脱氨作用，将不含

氮的部分转化为脂肪，贮积起来，以备营养不足时重新分解，供应家兔的热能需要。

蛋白质结构比较复杂，目前发现构成蛋白质的氨基酸有40多种，其中有10种必需氨基酸（赖氨酸、色氨酸、组氨酸、苯丙氨酸、亮氨酸、异亮氨酸、苏氨酸、蛋氨酸、缬氨酸、精氨酸），人类已经能够合成。家兔对蛋白质的需要，实质上是对氨基酸的需要。含硫的氨基酸对家兔有特别重要的意义。在全部氨基酸中，仅有蛋氨酸、胱氨酸和半胱氨酸中含有硫，其中蛋氨酸是必需氨基酸。充分供给胱氨酸时，可降低蛋氨酸的用量。缺少蛋氨酸和胱氨酸会严重影响家兔的毛皮和毛绒的质量。

3. 碳水化合物

按常规的饲料分析方法，碳水化合物可以分为粗纤维与无氮浸出物两大类。

（1）粗纤维 粗纤维是饲料中所有不溶于稀碱、乙醇、乙醚及水的有机物质的总称。它是由纤维素、半纤维素、多缩戊糖及镶嵌物质（木质素、角质）所组成的。粗纤维是植物细胞壁的主要成分，也是饲料中难以消化的一组营养物质。粗纤维在消化生理中，具有填充胃肠，促进肠道蠕动和粪便排泄的作用。

（2）无氮浸出物 饲料的有机物质中除去粗蛋白质、粗脂肪及粗纤维外，总称为无氮浸出物，又名可溶性无氮物。无氮浸出物包括单糖（如葡萄糖）、双糖（如麦芽糖、乳糖、蔗糖）及多糖类（如淀粉）。单糖类多存在于果实及根茎中，多糖类则存在于成熟的籽实中。无氮浸出物主要供给家兔能量，多余的部分转化成体脂。

4. 脂肪

粗脂肪是指能溶于有机溶剂（如乙醚、石油醚、苯等）的物质的总称。脂肪是脂溶性维生素的溶剂。维生素A、维生素D、维生素E和维生素K等被家兔采食后，先溶解于脂肪，才能被消化吸收利用，所以在缺乏脂肪时，会发生脂溶性维生素的代谢障碍。

5. 矿物质

矿物质是生命活动所必需的物质，是构成兔体组织的主要成分，也可以维持家兔体内血液的酸碱平衡，调节体液渗透压。家兔体内的钙、磷比为（1.5～2）∶1。家兔有忍受高钙的能力，当钙磷比达到12∶1时，家兔的生产性能也不会受到影响。钠和氯参与体内水的代谢，日粮中食盐的添加量通常为0.3%～0.5%。

6. 维生素

维生素是维持畜禽正常生理机能所必需的低分子有机化合物。和其他营养物质相比，畜禽对维生素的需要量极微。维生素依其溶解性质可分为脂溶性维生素和水溶性维生素两大类。脂溶性维生素包括维生素A、维生素D、维生素E和维生素K。水溶性维生素包括B族维生素和维生素C。B族维生素主要作为细胞的辅酶催化碳水化合物、脂肪和蛋白质代谢中的各种反应。水溶性维生素很少或几乎不在体内贮备。因此，短时期的缺乏或不足就足以降低体内一些酶的活性，抑制相应的代谢过程，影响畜禽的生产力和抗病力。家兔的B族维生素可通过盲肠中的细菌合成，通过食粪，就能获得满足。

二、掌握常用饲料及其营养特性

兔饲料来源较为广泛，了解各种饲料的营养特性，可以科学合理地搭配日粮，以满足不同类型兔对营养物质的需要，最大程度发挥其生产潜力，获得最佳经济效益。

1. 青绿多汁饲料

（1）营养特性 水分含量60%～90%，质地柔软，适口性好，有机物质消化率为60%～80%，富含胡萝卜素、未知促生长因子和植物激素，对兔生长、繁殖和泌乳等性能有良好的促进作用。紫花苜蓿、三叶草和刺槐叶等含有丰富的蛋白质，是兔理想的饲料来源；一些野生牧草和树叶还是廉价的中草药，对兔有防病治病作用，如葎

草、车前草（猪耳朵草）、鸡脚草等可预防幼兔腹泻，蒲公英、酢浆草、野菊花等可预防母兔乳腺炎。

（2）种类

1）栽培牧草：种植栽培牧草既是解决规模化兔生产中饲草资源的重要途径，又是降低规模化兔生产成本最为有效的措施之一。适合我国气候特点、品质优良的栽培牧草品种很多，主要有紫花苜蓿、籽粒苋、串叶松香草、黑麦草、墨西哥玉米、苏丹草、苦荬菜等。

2）青刈作物类：常用的有青刈地瓜秧、青刈麦苗、玉米收割前采集的青玉米叶等。

3）块根块茎类：如胡萝卜、青萝卜等。

4）蔬菜及下脚料：如芫荽、卷心菜、韭菜、萝卜缨、莴苣叶等。

5）青绿树叶类：如刺槐叶、杨树叶、柳树叶、桑叶等。

6）野生牧草：常见的野生牧草主要有葎草、车前草、牛尾草、狗尾草、猫尾草、鸡脚草、结缕草、马唐、蒲公英、莎草、苦菜、苦蒿、野苜蓿、野豌豆等。因地理地貌、环境气候的不同，各地区的野生牧草种类有很大的差异。

【注意】

在利用青绿多汁饲料时，应注意不能饲喂被农药污染过的、有毒的青绿饲料。常见的有毒野草和野菜主要有飞燕草、骆驼蓬、土豆秧、西红柿秧及蓖麻地里生长的野草等。采集后的野草和野菜应立即摊开，防止因堆积时间太长而发热变黄、霉烂变质；饲喂时，最好置于草架上饲喂，以免造成浪费或引起兔腹泻。块根块茎类多汁饲料应切成块、丝后再喂，并注意一次喂量不宜过多。因青绿饲料种类繁多，营养差异很大，最好搭配饲喂。

2. 粗饲料

（1）营养特性 粗纤维含量高。因种类和采集期不同，粗蛋白质和维生素等可利用养分含量差异很大，营养价值也有很大差异。如苜蓿干草粗蛋白质含量为12%~26%，槐叶粉为18%~27%，花生秧为8%~12%，大部分野生干草为6%~12%，而玉米秸等秸秆一般仅为3%~5%；现蕾前刈割的紫花苜蓿干物质中粗蛋白含量高达26%，初花期刈割的一般为17%，而盛花期刈割的仅为12%左右。

（2）种类

1）干草类：如苜蓿干草、羊草、野生干草等。

2）作物秸秆类：如晒干的花生秧、地瓜秧、豆秸等。

3）树叶类：如晒干的刺槐叶，秋末树上落下的杨树叶、苹果叶、桃树叶等。

【注意事项】 应首选苜蓿草粉、槐叶粉、花生秧等营养价值较高的牧草（秸秆、树叶），最好不用品质很差的农作物秸秆和野生牧草，如小麦秸、棉花秸、芦苇等；掌握适宜的采收时间，如紫花苜蓿最适宜的刈割时期为初花期，一般野生青草和刺槐叶的采收时间为每年的8月至10月上旬；尽量缩短晒制时间，切忌雨淋，以获得“青绿、芳香”的优质干草；豆科牧草（秸秆）叶片在晒制过程中极易脱落，应注意收集；含单宁较高的树叶如杨树叶、柳树叶等，在全价日粮中的比例不宜过高，一般不超过20%。

3. 蛋白质饲料

（1）营养特性 营养全面，粗蛋白质和各种营养物质均较丰富。粗蛋白含量一般为20%~60%，消化率高达70%~90%。

（2）种类

1）植物性蛋白质饲料：如大豆、蚕豆等豆类籽实及豆粕（饼）、花生粕（饼）、棉仁粕（饼）、豆腐渣等豆类加工副产品。

2）动物性蛋白质饲料：如鱼粉、蚯蚓、蚕蛹等。

【注意】

蛋白质饲料在全价日粮中的含量一般为15%～20%，过高可诱发消化道疾病，过低可导致家兔生产性能降低。注意豆类籽实中因含抗胰蛋白酶而影响动物的消化吸收，在使用前应加热处理；棉籽粕（饼）、菜籽粕（饼）含多种有毒物质，解毒后方可使用；动物性蛋白质饲料成本较高、适口性较差，而且受欧盟兔肉出口的限制，一般不提倡使用。

4. 能量饲料

(1) 营养特性 有效能含量较高，糠麸类饲料消化能含量一般为10.5兆焦/千克，禾本科籽实类一般为13.5～15.5兆焦/千克，而动植物油类可高达32.2兆焦/千克；粗纤维含量低，糠麸类粗纤维含量最高，一般为10%左右，禾本科籽实一般仅为1.1%～5.6%，动植物油中不含粗纤维；蛋白质含量较低，含量最高的麦类及其加工副产品蛋白质含量最高，一般为12.0%～15.5%，玉米一般仅为8.0%左右，动植物油中不含蛋白质；含磷量较高，含钙较少；含B族维生素较多，含胡萝卜素、维生素D较少。

(2) 种类

1）禾本科籽实：常用的主要有玉米、小麦、大麦等。

2）糠麸类：如麦麸、小麦次粉等。

3）动植物油类：如猪大油、棉籽油、菜籽油等。

【注意】

玉米在全价日粮中一般占15%～30%，玉米的比例过高极易诱发魏氏梭菌等消化道疾病；日粮中应至少有两种以上的能量饲料搭配使用，能量饲料所占的比例应综合考虑营养和成本等因素；在生长幼兔日粮中可添加1%～2%动植物油。

5. 矿物质饲料

(1) 单纯补钙类 如石粉、贝壳粉等。

(2) 钙磷同补类 如骨粉、磷酸氢钙等。

(3) 食盐 补充日粮中钠和氯的不足，且有提高食欲等作用。

(4) 其他 如沸石、麦饭石、稀土等，含钙、磷以及多种微量元素和稀有元素。

三、正确使用饲料添加剂

饲料添加剂分为营养性饲料添加剂和非营养性饲料添加剂。营养性添加剂是指为了满足畜禽生产的需要，采用不同方法加入配合饲料中的各种微量成分，完善日粮的全价性，提高饲料利用率；另一类是非营养性添加剂，如生长促进剂、驱虫保健剂、抗氧化剂、防霉剂、着色剂及调味剂等。

1. 营养性添加剂

营养性添加剂是最主要和最常用的添加剂，主要用于平衡日粮营养成分，包括维生素、微量元素和氨基酸。

(1) 维生素 目前，作为添加剂的维生素有维生素 A、维生素 D_3、维生素 E、维生素 K、硫胺素、核黄素、吡哆醇、维生素 B_{12}、氯化胆碱、烟酸、泛酸钙、叶酸、生物素以及维生素 C 等。

维生素的添加量除依据营养需要的规定外，尚需考虑日粮组成、环境条件（气温、饲养方式等）、饲料中维生素的利用率、家兔体内维生素的损耗和其他应激的影响。利用维生素制剂作为添加剂时应考虑其稳定性及生物学效价。家兔有发达的盲肠，盲肠微生物能够合成 B 族维生素和维生素 K，肝、肾中可合成维生素 C。

1）维生素 A。维生素 A 有三种形式即维生素 A 醇、维生素 A 醋酸酯、维生素 A 棕榈酸酯。维生素 A 醇的稳定性较差，作为添加剂使用的多为维生素 A 醋酸酯和维生素 A 棕榈酸酯，尤以维生素 A 棕榈酸酯为好。

维生素A极易氧化失效，因此现在产品主要是将维生素A的棕榈酸酯分散于以明胶和蔗糖组成的基质中，另加一种或几种抗氧化剂，制成细粒后用疏水性的淀粉加以覆盖。制成的微粒硬度高，能抵抗机械损伤，而且粒度均匀［30～80目（0.178～0.590毫米）］。

2）维生素D。维生素D的稳定性比维生素A好，但与碳酸钙或氧化物直接混合也会失效，需要加抗氧化剂或包被处理。

维生素A/D微粒是以维生素A乙酸酯原油和含量为130万国际单位/克以上的维生素D为原料（二者比例为5:1），配以抗氧化剂、明胶和淀粉为辅料制成的微粒。

3）维生素E。一般以α-生育酚醋酸酯的形式作为添加剂，呈油状液体，其中以D-α-生育酚醋酸酯的效价最高。维生素E本身是一种天然抗氧化剂，但也极易被氧化破坏而失去效力，因此在维生素E制剂中也应加入抗氧化剂作为稳定剂。

4）维生素K。维生素K多为黄色晶体，大多数商品兔日粮中维生素K的添加量为1～2毫克/千克。青绿饲料不足时和幼兔日粮中需添加维生素K。

（2）氨基酸 常用于配合饲料的氨基酸主要有赖氨酸与蛋氨酸两大类。从氨基酸的化学结构来看，除甘氨酸外，都存在D型和L型两种，人和动物只能摄取L型氨基酸（蛋氨酸例外）。

1）赖氨酸。饲料中添加赖氨酸时应考虑其中有效赖氨酸的实际含量、配伍的性质、加工工艺和储存时间。饲料级L-赖氨酸的实际含量为78.84%。

2）蛋氨酸。蛋氨酸包括DL-蛋氨酸羟基类似物钙盐和DL-蛋氨酸两种产品。前者的效价约相当于99%的蛋氨酸的80%，后者的效价为纯蛋氨酸的80%。

（3）微量元素添加剂 家兔必需的微量元素有Mg、Fe、Zn、Mn、Cu、I、Co、Se、Mo、S等15种，一般以硫酸盐、碳酸盐、氧化物形式生产，近年来又向有机盐方向发展。在使用时应首先了解常用微量元素的活性、生物学效价（可利用性）、含量等。

2. 非营养性饲料添加剂

非营养性饲料添加剂主要作用是刺激动物生长，提高饲料利用率，防治家兔疾病，改善动物健康状况，主要包括抗菌药物、驱虫药物、中草药、酶制剂、抗氧化剂、防霉剂、食欲增进添加剂等。

（1）驱虫药物添加剂 家兔患寄生虫病，饲料消耗增加，日增重减少，饲料转化率降低，给生产带来很大损失。作为添加剂的驱虫药物要求药效高、价格低、使用剂量小、化学稳定性强、毒性低、副作用小、体内无残留。许多驱虫药物毒性大，只能短期治疗，不能作为添加剂长期使用。

（2）中草药类添加剂 中草药成分很复杂，通常含有蛋白质、氨基酸、糖类、油脂、维生素、矿物质、酶、生物碱、黄酮、苷类等。在饲料中添加中草药作为兔饲料添加剂，除可以补充营养外，还有促进生长、增强动物体质、提高抗病力的作用。中草药还是天然药物，与抗生素或化学合成药物相比，具有毒性低、无残留、副作用小等优越性。同时，中草药资源丰富、来源广、价格低廉、作用广泛，是值得重视开发的一类饲料添加剂。

（3）微生物制剂 微生物制剂是指用动物体内有益微生物经特殊工艺制成的活菌制剂，也称益生素。它与抗生素的作用机理不同，抗生素是直接杀死或抑制有害菌的生长，而益生素则是通过促进有益菌的增长来达到抑制有害菌数量的目的。使用抗生素效果较快，但由于有益菌同时被抑制，容易造成二次感染。虽然益生素作用效果较慢，但通过有益菌与有害菌竞争性抑制，能将有害菌排除，同时使肠道微生态环境正常化，达到治疗的目的。益生素不会产生抗生素可能产生的副作用。目前，常用的益生素菌种有枯草芽孢杆菌、蜡样芽孢杆菌、双歧杆菌、乳酸杆菌、链球菌、酵母菌等。

（4）酶制剂 酶是动物机体合成的具有特殊功能的蛋白质，它的主要功能是催化机体内的生化反应，促进机体的新陈代谢。酶的种类很多，其作用具有专一性。作为饲料添加剂的酶制剂主要有蛋白酶、淀粉酶、脂肪酶、纤维素酶、植酸酶、果胶酶等。

（5）抗氧化剂 含油脂较多的饲料在储存过程中，由于其中的油脂、脂溶性维生素会自动氧化使饲料变质，因此，需要在饲料中添加抗氧化剂。常用的抗氧化剂有乙氧基喹啉、丁基化羟基甲苯或丁基化羟基苯甲醚等。

（6）防霉剂 防霉剂又叫防腐剂，为防止饲料在储存期间滋生霉菌，污染饲料，一般加入防霉剂，尤其是储存高水分饲料或在高温、高湿条件下储存饲料。常用的防霉剂有丙酸（丙酸钙及丙酸钠）、山梨酸、柠檬酸等。

（7）食欲增进添加剂 食欲增进添加剂是带香甜味道的物质，能刺激家兔的感受器，增进食欲，从而提高家兔的采食量。常用的食欲增进添加剂有谷氨酸钠（味精）、糖精、乳酸乙酯、柠檬酸等。

（8）黏结剂 黏结剂又称黏合剂，用于颗粒饲料的制作，目的是减少粉尘损失，提高颗粒硬度，减少破损料等。常用的黏结剂有淀粉、糖蜜、膨润土、琼脂、聚丙烯酸钠等。

（9）着色剂 着色剂的主要作用有：一是通过在饲料中添加色素，使其颜色转移到畜产品中去，改善肉类等畜产品的色泽；二是改善饲料色泽，提高饲料的感观性状，刺激食欲。

【注意】

在肉兔日粮中应严格按照饲料配方的要求进行添加，过高会引起中毒或其他副作用，过低起不到相应的作用。因饲料添加剂用量较少，在日粮配制时应逐级混合均匀，以免发生中毒。

四、科学配制饲料

家兔一昼夜采食各种饲料的总量称为家兔的日粮。根据饲料中各

种有效成分含量和家兔对各种营养物质的需要量，将不同来源的饲料按比例配制的饲料称为全价配合饲料。

1. 日粮配合的一般原则

家兔的日粮配合应遵循以下原则。

（1）符合饲养标准 所配制的日粮，应符合家兔的饲养标准，满足家兔对各种营养物质的需要。

（2）饲料种类多，配合比例适当 饲料种类多，可以相互弥补营养物质的不足。精料在日粮中不少于3种，精料与青粗饲料的比例适当，过多或过少都是不合适的。

（3）注意饲料的适口性 家兔能采食各种饲料，但特别喜欢采食多叶性饲草、颗粒饲料和带甜味的饲料。家兔不喜欢食草茎、草根和粉粒很细的饲料。

（4）考虑家兔采食量 配制日粮时，为保障营养浓度，体积不宜过大，以免兔食入的营养物质不足。

（5）降低日粮成本 根据当地的条件，在满足营养需要的前提下，选择价格便宜的饲料。目前，可用Excel建立电子表格或使用饲料配方软件来计算日粮配方。

（6）注意有效性、安全性和无害性 在保证营养全价的同时，注意饲料的有效性、安全性和无害性，不要用发霉变质和有毒有害的饲料配制日粮。

2. 饲养标准

国内外常用的饲养标准见表5-1～表5-7。

表5-1　美国NRC（1977）建议兔的营养指标

生长阶段	生长	维持	妊娠	泌乳
消化能/兆焦	10.46	8.79	10.46	10.46
总可消化养分（%）	65	55	58	70
粗纤维（%）	10～12	14	10～12	10～12

（续）

生长阶段	生长	维持	妊娠	泌乳
脂肪（%）	2	2	2	2
粗蛋白质（%）	16	12	15	17
钙（%）	0.4	—	0.45	0.75
磷（%）	0.22	—	0.37	0.5
镁/毫克	300～400	300～400	300～400	300～400
钾（%）	0.6	0.6	0.6	0.6
钠（%）	0.2	0.0	0.2	0.2
氯（%）	0.3	0.3	0.3	0.3
铜/毫克	3	3	3	3
碘/毫克	0.2	0.2	0.2	0.2
锰/毫克	8.5	2.5	2.5	2.5
维生素A/国际单位	580	—	≥1160	—
胡萝卜素/毫克	0.83	—	0.83	—
维生素E/毫克	40	—	40	40
维生素K/毫克	—	—	0.2	—
烟酸/毫克	180	—	—	—
维生素 B_6/毫克	39	—	—	—
胆碱/克	1.2	—	—	—
赖氨酸（%）	0.65	—	—	—
蛋氨酸+胱氨酸（%）	0.6	—	—	—
精氨酸（%）	0.6	—	—	—
组氨酸（%）	0.3	—	—	—
亮氨酸（%）	1.1	—	—	—
异亮氨酸（%）	0.6	—	—	—

（续）

生长阶段	生长	维持	妊娠	泌乳
苯丙氨酸+酪氨酸（%）	1.1	—	—	—
苏氨酸（%）	0.6	—	—	—
色氨酸（%）	0.2	—	—	—
缬氨酸（%）	0.7	—	—	—

表5-2　法国AEC（1993）建议兔的营养需要量指标（1）

生长阶段	哺乳兔及乳兔	生长兔（4~11周龄）
消化能/(兆焦/千克)	10.46	10.46~11.30
粗纤维（%）	12	13
粗蛋白质（%）	17	15
赖氨酸/(毫克/天)	0.75	0.70
蛋氨酸+胱氨酸/(毫克/天)	0.65	0.60
苏氨酸/(毫克/天)	0.90	0.90
色氨酸/(毫克/天)	0.65	0.60
精氨酸/(毫克/天)	0.22	0.20
组氨酸/(毫克/天)	0.40	0.30
异亮氨酸/(毫克/天)	0.65	0.60
亮氨酸/(毫克/天)	1.30	1.10
苯丙氨酸+酪氨酸/(毫克/天)	1.30	1.10
缬氨酸/(毫克/天)	0.85	0.70
钙/(克/天)	1.10	0.80
有效磷/(克/天)	0.80	0.50
钠/(克/天)	0.30	0.30

表 5-3　法国 AEC（1993）建议兔的营养需要量指标（2）

维　生　素	需要量	微量元素	需要量
维生素 A/(国际单位/千克)	10000	钴/(毫克/千克)	1
维生素 D_3/(国际单位/千克)	1000	铜/(毫克/千克)	5
维生素 E/(毫克/千克)	30	铁/(毫克/千克)	30
维生素 K_3/(毫克/千克)	1	碘/(毫克/千克)	1
维生素 B_1/(毫克/千克)	1	锰/(毫克/千克)	15
维生素 B_2/(毫克/千克)	3.5	硒/(毫克/千克)	0.08
泛酸/(毫克/千克)	10	锌/(毫克/千克)	30
维生素 B_6/(毫克/千克)	2		
维生素 B_{12}/(毫克/千克)	0.01		
尼克酸/(毫克/千克)	50		
叶酸/(毫克/千克)	0.3		
胆碱/(毫克/千克)	1000		

表 5-4　Lebas（2008）推荐的家兔饲养营养推荐值

生长阶段或类型（90%干物质）		生长兔		繁殖兔		单一饲料
		18～42 日龄	42～75 日龄，80 日龄	集约化	半集约化	
1 组：对最高生产性能的推荐						
消化能	千卡/千克	2400	2600	2700	2600	2400
	兆焦/千克	10.0	10.9	11.3	10.9	10.0
粗蛋白质/(克/千克)		150～160	160～170	180～190	170～175	160
可消化蛋白质/(克/千克)		110～120	120～130	130～140	120～130	110～125
可消化蛋白质/消化能	克/兆卡	45	48	53～54	51～53	46
	克/兆焦	10.7	11.5	12.7～13.0	12.0～12.7	11.5～12.0

（续）

生长阶段或类型（90% 干物质）	生长兔		繁殖兔		单一饲料
	18～42日龄	42～75日龄，80日龄	集约化	半集约化	
脂类/（克/千克）	20～25	25～40	40～50	30～40	20～30
赖氨酸/（克/千克）	7.5	8	8.5	8.2	8
含硫氨基酸（蛋氨酸+胱氨酸）/（克/千克）	5.5	6	6.2	6	6
苏氨酸/（克/千克）	5.6	5.8	7	7	6
色氨酸/（克/千克）	1.2	1.4	1.5	1.5	1.4
精氨酸/（克/千克）	8	9	8	8	8
钙/（克/千克）	7	8	12	12	11
磷/（克/千克）	4	4.5	6	6	5
钠/（克/千克）	2.2	2.2	2.5	2.5	2.2
钾/（克/千克）	≤15	≤20	≤18	≤18	≤18
氯/（克/千克）	2.8	2.8	3.5	3，5	3
镁/（克/千克）	3	3	4	3	3
硫/（克/千克）	2.5	2.5	2.5	2，5	2，5
铁/（毫克/千克）	50	50	100	100	80
铜/（毫克/千克）	6	6	6	10	10
锌/（毫克/千克）	25	25	50	50	40
锰/（毫克/千克）	8	8	12	12	10
维生素A/（国际单位/千克）	6000	6000	10000	10000	10000

（续）

生长阶段或类型（90%干物质）	生长兔		繁殖兔		单一饲料
	18～42日龄	42～75日龄，80日龄	集约化	半集约化	
维生素D/（国际单位/千克）	1000	1000	1000（≤1500）	1000（≤1500）	1000（≤1500）
维生素E/（毫克/千克）	≥30	≥30	≥50	≥50	≥50
维生素K/（毫克/千克）	1	1	2	2	2
2组：维持家兔健康水平的推荐量					
木质纤维素（ADF）	≥190	≥170	≥135	≥150	≥160
木质素（ADL）	≥55	≥50	≥30	≥30	≥50
纤维素（ADF-ADL）	≥130	≥110	≥90	≥90	≥110
木质素/纤维素	≥0.40	≥0.40	≥0.35	≥0.40	≥0.40
中性洗涤纤维（NDF）	≥320	≥310	≥300	≥315	≥310
半纤维素（NDF-ADF）	≥120	≥100	≥85	≥90	≥100
半纤维素+果胶（ADF）	≤1.3	≤1.3	≤1.3	≤1.3	≤1.3
淀粉/（克/千克）	≤140	≤200	≤200	≤200	≤160
维生素C/（毫克/千克）	250	250	200	200	200
维生素B_1/（毫克/千克）	2	2	2	2	2
维生素B_2/（毫克/千克）	6	6	6	6	6
尼克酸/（毫克/千克）	50	50	40	40	40
泛酸/（毫克/千克）	20	20	20	20	20
维生素B_6/（毫克/千克）	2	2	2	2	2
叶酸/（毫克/千克）	5	5	5	5	5
维生素B_{12}/（毫克/千克）	0.01	0.01	0.01	0.01	0.01
胆碱/（毫克/千克）	200	200	100	100	100

表 5-5　安哥拉长毛兔饲养标准

生长阶段	生长兔		妊娠母兔	哺乳母兔	产毛兔	种公兔
	断奶～3月龄	4～6月龄				
消化能/(兆焦/千克)	10.5	10.3	10.3	11	10～11.3	10
粗蛋白质（%）	16～17	15～16	16	18	15～16	17
可消化粗蛋白质（%）	12～13	10～11	11.5	13.5	11	13
粗纤维（%）	14	16	14～15	12～13	13～17	16～17
粗脂肪（%）	3	3	3	3	3	3
蛋能比/(克/兆焦)	11.95	10.76	11.47	12.43	10.99	12.91
蛋氨酸＋胱氨酸（%）	0.7	0.7	0.8	0.8	0.7	0.7
赖氨酸（%）	0.8	0.8	0.8	0.9	0.7	0.8
精氨酸（%）	0.8	0.8	0.8	0.9	0.7	0.9
钙（%）	1.0	1.0	1.0	1.2	1.0	1.0
磷（%）	0.5	0.5	0.5	0.8	0.5	0.5
食盐（%）	0.3	0.3	0.3	0.3	0.3	0.2
铜/(毫克/千克)	3～5	10	10	10	20	10
锌/(毫克/千克)	50	50	70	70	70	70
铁/(毫克/千克)	50～100	50	50	50	50	50
锰/(毫克/千克)	30	30	50	50	50	50
钴/(毫克/千克)	0.1	0.1	0.1	0.1	0.1	0.1
维生素 A/(国际单位/千克)	8000	8000	8000	10000	6000	12000
维生素 D/(国际单位/千克)	900	900	900	1000	900	1000
维生素 E/(毫克/千克)	50	50	60	60	50	60
胆碱/(毫克/千克)	1500	1500	—	—	1500	1500
尼克酸/(毫克/千克)	50	50	—	—	50	50

（续）

生长阶段	生长兔		妊娠母兔	哺乳母兔	产毛兔	种公兔
	断奶～3月龄	4～6月龄				
吡哆醇/(毫克/千克)	400	400	—	—	300	300
生物素/(毫克/千克)	—	—	—	—	25	20

表5-6　肉兔不同生理阶段饲养标准

指　　标	生长肉兔		妊娠母兔	泌乳母兔	空怀母兔	种公兔
	断奶～2月龄	2月龄～出栏				
消化能/(兆焦/千克)	10.5	10.5	10.5	10.8	10.2	10.5
粗蛋白质（%）	16	16	16.5	17.5	16	16
总赖氨酸（%）	0.85	0.75	0.8	0.85	0.7	0.7
总含硫氨基酸（%）	0.6	0.55	0.6	0.65	0.55	0.55
精氨酸（%）	0.8	0.8	0.8	0.9	0.8	0.8
粗纤维（%）	≥16	≥16	≥15	≥15	≥15	≥15
中性洗涤纤维（%）	30～33	27～30	27～30	27～30	30～33	30～33
酸性洗涤纤维（%）	19～22	16～19	16～19	16～19	19～22	19～22
酸性洗涤木质素（%）	5.5	5.5	5.0	5.0	5.5	5.5
淀粉（%）	≤14	≤20	≤20	≤20	≤16	≤16
粗脂肪（%）	3.0	3.5	3.0	3.0	3.0	3.0
钙（%）	0.6	0.6	1.0	1.1	0.6	0.6
磷（%）	0.40	0.40	0.50	0.50	0.40	0.40
钠（%）	0.22	0.22	0.22	0.22	0.22	0.22
氯（%）	0.25	0.25	0.25	0.25	0.25	0.25

（续）

指　　标	生长肉兔		妊娠母兔	泌乳母兔	空怀母兔	种公兔
	断奶～2月龄	2月龄～出栏				
钾（%）	0.80	0.80	0.80	0.80	0.80	0.80
镁（%）	0.3	0.3	0.4	0.4	0.4	0.4
铜/（毫克/千克）	10.0	10.0	20.0	20.0	20.0	20.0
锌/（毫克/千克）	50.0	50.0	60.0	60.0	60.0	60.0
铁/（毫克/千克）	50.0	50.0	100.0	100.0	70.0	70.0
锰/（毫克/千克）	8.0	8.0	10.0	10.0	10.0	10.0
硒/（毫克/千克）	0.05	0.05	0.1	0.1	0.05	0.05
碘/（毫克/千克）	1.0	1.0	1.1	1.1	1.0	1.0
钴/（毫克/千克）	0.25	0.25	0.25	0.25	0.25	0.25
维生素A/（国际单位/千克）	12000	12000	12000	12000	10000	12000
维生素D/（国际单位/千克）	900	900	1000	1000	1000	1000
维生素E/（毫克/千克）	50.0	50.0	100.0	100.0	100.0	100.0
维生素K_3/（毫克/千克）	1.0	1.0	2.0	2.0	2.0	2.0
维生素B_1/（毫克/千克）	1.0	1.0	1.2	1.2	1.0	1.0
维生素B_2/（毫克/千克）	3.0	3.0	5.0	5.0	3.0	3.0
维生素B_6/（毫克/千克）	1.0	1.0	1.5	1.5	1.0	1.0
维生素B_{12}/（微克/千克）	10.0	10.0	12.0	12.0	10.0	10.0
叶酸/（毫克/千克）	0.2	0.2	1.5	1.5	0.5	0.5
尼克酸/（毫克/千克）	30.0	30.0	50.0	50.0	30.0	30.0
泛酸/（毫克/千克）	8.0	8.0	12.0	12.0	8.0	8.0
生物素/（微克/千克）	80.0	80.0	80.0	80.0	80.0	80.0
胆碱/（毫克/千克）	100.0	100.0	200.0	200.0	100.0	100.0

表 5-7　中国獭兔全价饲料营养推荐值

项目	1~3 月龄生长獭兔	4 月龄~出栏商品兔	哺乳兔	妊娠兔	维持兔
消化能/(兆焦/千克)	10.46	9~10.46	10.46	9~10.46	9
粗脂肪（%）	3	3	3	3	3
粗纤维（%）	12~14	13~15	12~14	14~16	15~18
粗蛋白质（%）	16~17	15~16	17~18	15~16	13
赖氨酸（%）	0.80	0.65	0.9	0.6	0.4
含硫氨基酸（%）	0.60	0.60	0.6	0.5	0.4
钙/(毫克/千克)	0.85	0.65	1.1	0.8	0.4
磷/(毫克/千克)	0.40	0.35	0.7	0.45	0.3
食盐/(毫克/千克)	0.3~0.5	0.3~0.5	0.3~0.5	0.3~0.5	0.3~0.5
铁/(毫克/千克)	70	50	100	50	50
铜/(毫克/千克)	20	10	20	10	5
锌/(毫克/千克)	70	70	70	70	25
锰/(毫克/千克)	10	4	10	4	2.5
钴/(毫克/千克)	0.15	0.1	0.15	0.1	0.1
碘/(毫克/千克)	0.20	0.2	0.2	0.2	0.1
硒/(毫克/千克)	0.25	0.2	0.2	0.2	0.1
维生素 A/(国际单位/千克)	10000	8000	12000	12000	5000
维生素 D/(国际单位/千克)	900	900	900	900	900
维生素 E/(毫克/千克)	50	50	50	50	25
维生素 K/(毫克/千克)	2	2	2	2	0
硫胺素/(毫克/千克)	2	0	2	0	0
核黄素/(毫克/千克)	6	0	6	0	0
泛酸/(毫克/千克)	50	20	50	20	0

（续）

项目	1～3月龄生长獭兔	4月龄～出栏商品兔	哺乳兔	妊娠兔	维持兔
吡哆醇/(毫克/千克)	2	2	2	0	0
维生素 B_{12}/(毫克/千克)	0.02	0.01	0.02	0.01	0
烟酸/(毫克/千克)	50	50	50	50	0
胆碱/(毫克/千克)	1000	1000	1000	1000	0
生物素/(毫克/千克)	0.2	0.2	0.2	0.2	0

五、科学贮存饲料

1. 饲料原料的贮存

(1) 大宗饲料的贮存 苜蓿草粉、花生秧粉等粗饲料，玉米、小麦、大麦等谷物籽实，麦麸、小麦次粉等糠麸类，豆粕（饼）、花生粕（饼）等植物性蛋白质饲料，是兔日粮中最为常用的四类大宗原料，占日粮总量的95%以上。苜蓿草粉、花生秧粉等粗饲料用量最大，占饲料总用量的30%～50%。在贮存时应做好防潮、通风换气、防虫害、防鼠害等工作，防止原料发霉变质，以保持原料的原有品质，确保饲料原料的安全足量供给。

在贮存大宗饲料原料时，应用麻袋或编织袋将原料装好后封口，然后放置于干燥、通风的贮存室内。在堆放时，应事先在地面上垫约20厘米高的垫板，以利于防潮，切忌直接堆放在地面上。为避免鼠害，在饲料贮存前，应彻底清理贮存间内壁、夹缝及死角，堵塞墙角漏洞，并进行密封熏蒸处理。

(2) 磷酸氢钙、石粉、食盐等原料的贮存 磷酸氢钙、石粉、食盐等原料用量较少，且较易贮存，应在醒目的地方标明所贮存原料的种类。

(3) 添加剂预混料的贮存 根据添加剂预混料的种类和产品特

点采用适当贮存方法和贮存时间。通常在低温、干燥环境下贮存。维生素类添加剂预混料即使在低温、干燥条件下保存，每个月也自然损失5%~10%，随着贮存温度的升高损失更大。因此，一次性采购量不宜过大，若采购量合适，则既便于贮存，又可保持其安全有效。

2. 配合饲料的贮存

配合饲料一般要求用双层袋包装（内用不透气的塑料袋，外用编织袋），然后放在干燥环境下贮存。贮存间应干燥、通风、防鼠害，堆放时地面要铺垫厚20厘米以上的防潮垫层。

第六章
精心饲养管理，向管理要效益

饲养管理就是根据家兔的生活习性和生理要求，对家兔进行科学的饲养和规范的管理。正确的饲养管理可使家兔健康生长，延长种兔的使用寿命，增加仔幼兔的成活率，降低发病率，提高饲料利用率。如果饲养管理不当，会造成饲料浪费，仔幼兔生长发育不良、发病频繁，降低产品质量，提高养殖成本，甚至会造成重大的经济损失。因此，科学的饲养管理是兔群实现优质高产的重要因素。然而，不同用途、不同品种、不同性别、不同生理阶段、不同圈舍条件、不同饲料、不同季节等都对家兔的饲养管理有不同的要求。因此，应该根据不同情况制定科学的饲养管理方法，充分发挥兔的生产潜力，实现整个兔群的优质高产。

第一节　家兔饲养管理的误区

一、捉兔方法不当

在生产中，常见提双耳、抓腰部、提后肢等错误的捉兔方法，轻者会造成兔受伤，重者易导致兔死亡，也会因兔的剧烈挣扎而伤及捉兔人，所以应掌握正确的捉兔方法。

二、饲料更换不当

由于兔的盲肠内有大量的微生物，微生物菌群的稳定对兔消化道结构和功能的维持至关重要，所以在生产中应该尽量维持饲料的

相对稳定。如果饲料突然更换，会造成兔消化道内环境变化，导致肠道菌群结构失调、消化机能紊乱，轻则引起兔食欲不振、消化不良，重者引起腹泻、胀肚或便秘，甚至会造成大量死亡。在更换饲料时，应设置 7 天左右的过渡期，前 2 ~ 3 天新饲料占 1/3，随后 2 ~ 3 天新旧饲料各占 1/2，最后 2 ~ 3 天新饲料占 2/3，这样慢慢更换饲料，使兔肠道有一个消化和适应的过程，以免由于处理不当造成生产损失。

三、低温造成新生仔兔死亡

新生仔兔适宜的环境温度为 33 ~ 35℃。新生仔兔对温度的调节机能尚不健全，在生产中，忽视温度导致个别仔兔或整窝仔兔死亡的现象屡屡发生。事实上，低温造成仔兔死亡的现象与管理不善直接相关。因此，在气候严寒的地区，应该增加取暖设备，或者将放仔兔的产箱编号后放在一间保温的房间里，待喂奶时再把产箱送到母兔笼中。在气温不是很寒冷的地方，应勤观察，若母兔将仔兔生在产箱外，应及时将仔兔捡回产箱内；若垫草潮湿，应及时更换；若母兔拉毛不够导致产箱不够温暖，应辅助拉毛；若母兔吊奶，应及时将仔兔放回产箱；若垫草过长，导致仔兔无法相互靠近，应将垫草剪成小段等。

四、忽视早期断奶的管理

一些兔场为了提高母兔的利用率，缩短繁殖周期，将仔兔断奶的时间提前到 28 日龄或更早。虽然这样可以提高母兔的繁殖率，但仔兔的断奶体重过小，消化机能不够完善，常发生肠道疾病，如胀肚、拉稀、腹泻等，使死亡率上升，给生产带来很大的难度。因此，综合各方面考虑，不建议将仔兔早期断奶。如果一定要早期断奶，应采用容易消化的饲料饲喂，或在饲料中添加微生物制剂、大蒜素、益生元或中草药添加剂等调理胃肠道的药物，也可采用限制饲喂等措施，尽可能地提高早期断奶仔兔的成活率。

第二节 掌握家兔饲养管理的一般原则

一、日粮结构

家兔为单胃草食动物，肠道的总长度为体长的10倍左右，盲肠占整个消化道容积的49%。粗纤维对维持肠道内环境的稳定具有重要作用，因此家兔的日粮中必须含有一定量的粗纤维。实践证明，家兔的日粮不仅包含精饲料，还可包含粗饲料和青绿饲料。为了提高生产效率，需要合理搭配日粮。在规模大的养兔场，可以饲喂全价颗粒饲料；在小规模的养殖场，如果条件允许，可在精饲料的基础上，搭配一定量的青绿饲料或粗饲料，以降低饲料成本。

二、饲喂方法

目前家兔的饲喂方法有3种：自由采食、限制饲喂、自由采食和限制饲喂相结合。在大规模、自动化程度较高的养殖场采用自由采食的方法，可以提高家兔的哺乳性能和生产性能。产毛兔、哺乳母兔和生长肥育兔也多采用自由采食的方法。限制饲喂则根据家兔的品种、年龄、体况、季节等因素，定时定量饲喂。从节省劳动力的角度考虑，以每天饲喂2次为宜。由于家兔是夜行性动物，夜间采食量偏大，晚上饲料量占全天饲料量的60%左右。夏季天气炎热，家兔的食欲降低，应选择在早晚天气凉爽时饲喂，早晨要喂得早，晚上要适当多喂。通常情况下，多采用自由采食和限制饲喂相结合的方法。在幼兔断奶时，断奶应激易诱发消化道疾病，应采用限制饲喂的方法。开始饲喂量为50%左右，随后逐渐增加至80%~90%，以使幼兔获得补偿生长。在幼兔50日龄左右至出栏时，可以采用自由采食的方法，以缩短上市时间。

兔的采食习惯、消化液的分泌和肠道微生物区系在一定时期内与

采食的饲料直接相关，所以饲料配方、饲料料型和饲喂制度都要相对稳定。在更换饲料时，逐步用新饲料替代原有饲料。如果过渡不当，会造成兔严重的胃肠道疾病，导致采食量下降或拒食，严重的会导致家兔死亡。

三、饲料质量

家兔的消化道疾病是制约家兔产业健康发展的关键因素，家兔的消化道疾病多与饲料有关。如果饲料品质不佳，会造成家兔大面积发病、死亡，给家兔生产带来巨大的损失，极大地挫伤养殖户的积极性。在饲喂时，不能饲喂霉烂变质的饲料，不能饲喂混有兔毛粪便的饲料，不能饲喂带泥沙粪污、雨水和露水、刚打过农药的青绿饲料，不能饲喂生的豆类饲料，不能饲喂发芽的马铃薯、染上黑斑病的甘薯，不能长期饲喂牛皮菜、菠菜等高草酸植物，应采用优质的饲料原料配制家兔配合饲料。在饲料原料的采集、收割和晾晒过程中避免夹带砂石、泥土、地膜等杂物。在饲料加工过程中，要对原料进行清理，去除砂石、泥块、灰尘、铁磁性杂质等杂物。在生产管理中，饲料堆放地应垫上木板防潮；空气潮湿时，若包装袋里的饲料没有用完，应将袋口系牢。

四、饮水

水是家兔生命活动中所需的重要物质，是营养物质在体内的消化、吸收和排泄等的重要媒介。家兔的饮水量与年龄、生理阶段、季节、日粮结构等密切相关。当饮水不足时，家兔精神萎靡、食欲不振、泌乳量减少、生长缓慢，严重时会导致家兔死亡，所以在饲养家兔时不能缺水，也不能限水，最好是一直供水。家兔的饮水必须符合国家饮用水标准，死塘水、泥土水和污染水等不符合饮用标准的水不能喂兔。在寒冷地区的冬季最好喂温水，以防饮用冰水诱发家兔胃肠道疾病。

五、兔舍环境

家兔喜欢干净，经常舔毛来保持自身清洁。因此，要经常清理兔舍，清除兔场的粪污，清洗水槽和料槽，保持兔舍卫生，减少病原微生物的滋生。家兔喜欢干燥、厌恶潮湿，所以，要注意兔舍的通风换气，尽量采用刮粪机或传送带输送清粪，尽量控制冲洗兔舍的次数和用水量。

家兔胆小怕惊，喜欢安静。嘈杂的环境会给母兔哺乳、配种和生产带来不利影响。在过节放鞭炮、安装设备等无法避免噪声的情况下，应首先放一些零星的鞭炮，或者安装设备的噪声由弱入强，使家兔慢慢适应。

六、环境温度

环境温度低于5℃时，家兔通过增加采食量和生长绒毛来保持体温恒定，饲料转化率降低。寒冷的环境使幼兔非疾病性腹泻率增加，死亡率提高。家兔的汗腺退化，被毛浓密，导致家兔对炎热天气的耐受力较差。当环境温度达到30℃以上时，家兔的采食量减少；环境温度达到35℃以上时，家兔极易中暑，妊娠母兔易得妊娠毒血症而突然死亡。因此，冬季要采用保温措施。夏季公兔停止配种，毛兔应及时剪毛以利于散热。规模化兔场冬季可采用地暖，夏季可通过湿帘或空调进行温度调节。

七、防疫

加强防疫是家兔饲养管理的重要环节。兔场应加强防疫，定期注射疫苗，定时对兔舍、兔场周边环境、食盒等进行消毒，尽量减少或杜绝患病的机会。每个养兔场都要根据实际情况，建立行之有效的卫生防疫制度。为了预防和扑灭传染病，要规范引种隔离制度、病兔隔离制度、病死兔和粪便的无害化处理制度等。每天观察兔的眼、鼻和毛皮状况，观察采食、饮水、排粪、行为表现等情况，及时预防和治疗各种疾病，做到防患于未然。

第三节　掌握家兔的常规管理技术

一、捉兔方法

在家兔生产中，要时常捕捉家兔，开展采精、配种、转群、治疗等生产活动。正确的捕捉方法为：先用手顺毛抚摸家兔，使其安静，随后迅速用一只手抓住兔的两耳和颈部皮肤，提起后用另一只手托住兔的臀部，使兔的身体重心落在托兔的手上。在抓兔时，应注意观察兔的反应，若兔躲在兔笼的一角，露出恐惧的表情，则放心抓兔。若在抓兔时兔迎面而来，异常警惕，则应非常小心，暂缓或用辅助工具捉兔，防止家兔咬人。

二、性别鉴定

初生仔兔可根据阴部孔洞形状与肛门的距离来鉴别性别：生殖孔扁平，略大于肛门，距肛门较近者为母兔；生殖孔圆而略小，与肛门的距离较远者为公兔。开眼后的家兔可直接通过生殖器的形状来鉴别。一般用一只手抓住兔的双耳和颈部皮肤，将兔提起来，用另一只手托臀，并压住兔尾巴，用拇指将生殖器翻开，若呈圆柱形，则为公兔，若呈“V”形，则为母兔（彩图 14，彩图 15）。成年后的家兔可观察鼠蹊部是否有阴囊下垂，若有则为公兔，若无则为母兔。

三、年龄鉴别

可通过查看产仔记录及有关档案来确定确切的年龄。若缺少生产记录，则根据脚爪的形状和颜色、牙齿的排列和色泽、皮肤的松弛程度等进行年龄鉴定。若牙齿洁白、短小、排列整齐，趾爪白嫩、平直、红白程度相等，则在 1 岁左右；若趾爪红色多于白色，则在 1 岁以下；若牙齿呈白色、较长、表面较为粗糙、排列较为整齐，趾爪较长、稍有弯曲、白色稍多于红色，皮肤略厚、紧密，则为壮年兔；若门齿暗黄或有色素沉淀、厚长、排列不整齐，趾爪较长、爪尖勾曲、

大半露于脚毛外、质地老黄，皮板厚而松弛，则为老年兔。

四、公兔去势

对不留作种兔的公兔进行去势，有利于改善肉质，提高毛皮品质。由于肉兔在3月龄前已达到2.5千克，对淘汰的肉用种公兔，最好马上出售，所以不建议去势。去势可采用阉割法和结扎法。

1. 阉割法

将公兔腹部朝上保定，用手将睾丸从腹腔挤入阴囊，用拇指、食指和中指捏紧阴囊，防止睾丸滑动，用75%酒精或2%碘酊将切口部位消毒，用灭菌手术刀在阴囊中线处纵向切开一个小口，将睾丸挤出、摘除，再将切口消毒。一般来说，伤口不需要缝合。

2. 结扎法

将公兔腹部朝上保定，用手将睾丸从腹腔挤入阴囊，并防止其滑动，用橡皮筋或丝线扎紧阴囊和精索，切断睾丸的血液供应，10天左右睾丸及阴囊部分就会逐渐萎缩脱落，达到去势的目的。

五、编号

为便于日常管理、选种选配、生产性能记录等，有必要对家兔进行编号。编号的适宜部位在耳内侧。为便于区分性别，可采用公兔单号、母兔双号，或公兔左耳标记、母兔右耳标记，或用不同的耳标颜色等方法进行标记。在编号时，可采用耳标法、耳号钳法和电子标签等方法。在编号时将兔品种的代码放在第一位，通常用一个大写英文字母或汉语拼音字母来表示，后面数字或字母表示父母编号、出生年月、个体编号等。一个兔场使用的代码应保持不变。

1. 耳标法

将带有记号的子母扣耳标用碘酒消毒，在兔耳的少血管处，用力按下子扣，随即合上母扣即可。由于耳标上带有预先用激光喷码的记号，所以应及时做好记录，以防混淆。这种方法简单易行，速度快。

【提示】

如果在断奶前后钉上耳标，在成年后由于穿刺孔增大，易导致耳标脱落。

2. 耳号钳法

将食醋和墨汁按照1∶4的比例兑好混匀，将耳号钳的号码按顺序排好。然后，用碘酒消毒耳内侧少血管处，用耳号钳夹住穿刺部位，用力压紧，随即将刺针刺入皮肤。将混好的醋墨涂抹、浸入针孔内，数日后即可呈现蓝色号码（图6-1）。

图6-1　耳号

【提示】

一定要确保醋墨浸入到针孔内，否则以后的号码显示不清晰。

3. 电子标签

电子标签由植入在家兔皮下的、记录家兔个体基本信息的微型电子芯片和相应的阅读器、计算机软件系统组成，可实现家兔的“身份”识别。但该方法成本较高，需求市场尚未形成。

六、妊娠诊断

对配种后的母兔进行妊娠诊断，判断其是否受孕，以便查出未受孕母兔，及时补配。妊娠诊断最常用的方法是摸胎法，也可采用复配法。

1. 摸胎法

将交配后10～12天的母兔平放在地上，左手抓住母兔的双耳及颈部皮肤，使其头部朝向摸胎者，右手拇指和其他四指呈“八”字形，由前向后，或由后向前轻轻捏压兔的腹部（图6-2）。若腹部柔软如棉，则表示母兔未受孕；若摸到蚕豆大小的肉球，指压光滑有弹性，则表示已经受孕。摸胎时，动作要轻柔，以防母兔流产。要注意区分粪球和胚胎，粪球手感粗糙、指压没有弹性，可以用手捏住，而胚胎光滑。同时，要注意区分膀胱和胚胎，有时膀胱和胚胎的大小差不多，但膀胱只有一个，而胚胎则有多个。受孕10～12天，胚胎像蚕豆大小，15天时像拇指大小，20天则像核桃大小。受孕22～23天时可摸到长条形的胎儿和硬硬的头骨，临产前胎儿则接近出生仔兔的大小。

图6-2　摸胎

2. 复配法

将配种后7～8天的母兔放入公兔笼内，若母兔拒绝交配，并发出“咕咕”的叫声，则可能已经受孕，否则未孕。

第四节　提高家兔管理效益的主要途径

一、做好种公兔的饲养管理

种公兔的饲养水平与配种能力、精液品质密切相关，直接影响兔的受胎率、产仔率及仔兔的生活力。种公兔的饲养管理目的是使公兔体质健壮、性欲旺盛、精液品质优良。

1. 饲料营养要全面均衡

种公兔的配种能力和精液的数量与质量受日粮营养水平的影响，尤其是能量、蛋白质、矿物质和维生素等营养物质对精液品质的影响较大。

能量水平不宜过高或过低。能量过高，容易造成公兔肥胖，不愿走动，降低配种能力。能量过低时，精液量少，精液品质差。

蛋白质水平直接影响精液的生成和激素、腺体的分泌。蛋白质不足时，会降低种公兔的性欲、射精量、精子密度和活力。给精液品质差的公兔饲喂鱼粉、豆饼、花生饼、麸皮、紫云英、苜蓿等均可显著提高精液质量。

长期缺乏维生素A、维生素B和维生素E时会引起公兔睾丸组织萎缩、性欲低、畸形精子增加。若增加胡萝卜、麦芽等富含维生素A和维生素E的饲料，可提高精液品质。

钙和磷为制造精液所必需的矿物质。若缺乏钙、磷，会导致公兔四肢无力、精子发育不良。可在饲料中添加石粉或磷酸氢钙。

2. 保持合适的体况

公兔饲养时要注意营养的全面性，使公兔保持合适的体况，不要过肥和过瘦。公兔过肥时，睾丸会发生脂肪变性，削弱公兔的配种能力；过瘦时，影响精细胞的正常发育。

当公兔精液品质不佳时，可通过提高饲料营养水平实现精液品质的改善，但需要20天左右的时间，所以需注意营养的长期性。

3. 合理利用种公兔

由于品种、体型、饲养管理水平和营养水平的不同，公兔的初配时间以5～8月龄为宜。公兔的使用年限从第一次配种算起，一般为2年，个别优秀的公兔使用年限适当延长，最多不超过4年。

配种时，应该保证合适的配种频率。若公兔的配种负担过重，易导致公兔性机能衰退，精液品质下降，母兔的受胎率降低。若配种任务过轻或长期不配，会降低公兔的兴奋性，影响配种能力。

在本交的情况下，公母兔比为1:(8～10)。在人工授精时，公母兔比则为1:(20～30)。一般来说，青年公兔在初次配种时，每周交配最好不超过2次，过1～2月后，每天配种1次，连续配种两天后休息1天。成年公兔可一天交配2次，连续两天后休息1天。夏季应选在早晚凉爽时配种，而冬天最好选在中午。其他季节则不受限制。

配种时，应把母兔捉到公兔笼内，不宜将公兔捉到母兔笼里配种，否则会分散公兔的注意力，影响配种效果。将3月龄以后的公、母兔分开饲养，防止过早交配。在饲养种公兔时，适宜一笼一兔，防止公兔相互殴斗。公兔笼最好远离母兔笼，避免影响公兔的性欲。

4. 公兔宜多运动

长期不运动的公兔，身体不够健壮，兔场可适当加大公兔笼的尺寸，增加活动空间。有条件的兔场，可以建造运动场，每周让兔运动2次，每次1～2小时。

5. 注意控制温度

一般春秋季公兔性欲强、精液品质好、受胎率高，冬季次之，夏季最差。夏季气温高，30℃以上的持续高温天气会使睾丸萎缩，曲细精管萎缩变性，降低公兔的生精能力，所以应采取有效的降温措施。当北方冬季外界气温降低到0℃以下时，应采用供暖措施，使种公兔舍温度保持在10℃以上。在目前42天或49天的繁殖模式中，要求全年均衡生产，控制温度显得尤为重要。

二、做好种母兔的饲养管理

种母兔是繁衍后代的载体（彩图16）。种母兔不仅要维持自身的生命活动，还要承担繁育和哺乳仔兔的重任。根据母兔的生理状况，整个繁殖过程可分为空怀期、妊娠期和哺乳期。每个时期都各有特点，因此需要采用相应的饲养管理技术。

1. 空怀母兔的饲养管理

空怀期指幼兔断奶后到母兔再次配种怀孕的这一时期。在这个时期，母兔由于哺乳期消耗了大量养分，需要进行营养补充，恢复机体的健康水平，所以这个时期应该供给优质全价的饲料，恢复体况，为下一轮配种做准备。

（1）要保持适当的膘情　繁殖力与母兔的膘情有很大的相关性，空怀母兔应保持中等体况，即七八成的膘情。如果母兔被毛光亮，皮下脂肪少、可清晰摸到脊椎，则说明膘情合适。对过肥的母兔应该采用限制饲喂，或者多饲喂青绿饲料或干草，或者控制饮水时间达到限饲的目的。对消瘦的母兔则应提高颗粒饲料的饲喂量。对适配的长毛兔应该在配种前10~15天剪毛，并适当增加饲料量，待其恢复正常后再进行配种。

（2）改善饲养管理条件　保持兔舍清洁卫生、通风干燥和适宜的温度。将兔舍内的光照时间增加到14~16小时，光照度达到60勒克斯，诱发母兔发情。

2. 妊娠母兔的饲养管理

妊娠母兔指受孕到分娩产仔这一生理阶段的母兔。母兔的妊娠期通常为30~31天，波动范围为29~34天。在这一时期的主要任务是

根据妊娠期的生理特点和胎儿的生长发育规律，进行科学的饲养管理。

（1）合理饲喂 母兔的妊娠期分为怀孕前期（1～20天）和怀孕后期（21～31天）两个阶段。在怀孕前期，胎儿发育很慢，胎儿增重仅占胚胎期的10%左右，母兔的采食量和空怀期一样。如果采食饲料过多，会导致体况过肥，增加难产发生的概率。在胎儿后期，胎儿快速生长，胎儿增重占胚胎期的90%左右，因此该阶段应该加大母兔的饲喂量，采食量为空怀期的1.2～1.5倍，使母兔乳腺发育良好，产后泌乳量多，胎儿发育好，初生仔兔的生活力强。为防止母兔泌乳量多，初生仔兔吃不完奶，导致母兔乳腺炎的发生，要求在产仔前3天减少母兔的饲喂量。

（2）加强护理 在该阶段应加强护理，防止母兔流产。引起母兔流产的原因很多，主要有机械性、营养性和疾病性3种。机械性流产多由惊吓、加压、不当地捕捉等因素引起；营养性流产多因营养不全、突然改变饲料、饲料发霉等因素造成；疾病性因素多因巴氏杆菌、沙门菌、生殖器官疾病引起。

为防止母兔流产，应做到以下几点。

1）兔舍应保持安静，避免突然的噪声、突然的惊扰造成母兔惊恐不安，在笼子里乱撞乱跳，造成流产。

2）尽量不要捕捉母兔，只有在必要的情况下方可捕捉母兔。捕捉母兔时动作要轻柔，轻拿轻放。

3）保证饲料的质量，不能饲喂霉烂变质的饲料，不喂霜草和带水、带泥的草。

4）夏季要做好防暑降温工作，防止母兔妊娠毒血症的发生。冬季要注意保暖，在寒冷地区，最好饮用温水。

5）在长毛兔妊娠期应禁止采毛，以防止流产。

（3）做好接产工作 在产前3天将经过消毒的产箱放入母兔笼内或挂在笼外，在产箱中放入柔软的刨花或稻草。应将稻草切成

10～15 厘米的小段，然后揉搓，防止切口过于尖利刺伤仔兔。临产前，母兔会用嘴拉胸毛、肋毛、腹毛等做产前营巢准备。观察母兔的拉毛情况，对拉毛少的母兔应进行人工拉毛，以刺激乳腺分泌。夏季天气炎热时，仔兔产箱里的垫料不宜过多。将拉毛多的产箱里的兔毛取出一部分，存放起来，待冬季补充到产箱中。

【提示】

一定要防止产箱有异味，以免母兔将仔兔产在产箱外。在有条件的情况下，最好安排专人接产，防止母兔将仔兔产于产仔箱外而使仔兔受冻致死。如果超过预产期 3 天还未能分娩，可用催产素进行催产。

（4）产后管理 母兔多在夜间分娩。母兔产仔时，四肢站立，背部隆起，母兔边产仔边咬断脐带，并舔净仔兔身上的污血和黏液。产完仔后，母兔跳出产箱，开始饮水。切记要保证充足的饮水，否则母兔会因为产后口渴而吃掉仔兔。在母兔产完仔后，整理产箱，将死胎、弱胎、污物、带血的垫草等清理出去，并在产箱中铺上一层垫料，并将仔兔盖好。夏季要少盖点，冬季则要多盖点。观察仔兔的吃奶情况，若没有吃足奶，应该强制母兔哺乳。

3. 哺乳母兔的饲养管理

哺乳期是指母兔自分娩到仔兔断奶的时期。哺乳期通常为 30～35 天，过早断奶会降低仔兔成活率，过晚断奶则影响母兔下一次妊娠。饲养哺乳母兔的目的是提高母兔的泌乳量。只有母兔的泌乳量充足才能保证仔兔的正常发育，使仔兔体质健壮，存活率高。哺乳母兔可从以下几个方面进行饲养管理。

（1）母仔隔离 最好将母兔与仔兔隔离饲养，使母兔获得充足的休息。每天定时哺乳一次，同时了解母兔的哺乳状况和仔兔的吃奶情况。若仔兔腹部胀圆，安睡少动，则母兔泌乳力强；若仔兔腹部空瘪，肤色暗淡，到处乱爬，则表示母兔无乳或有乳不哺。对无乳的母兔，采用人工催乳；若有乳不哺，可人工强制哺乳。具体的哺乳方法是：将母兔提出笼外，放于产仔箱中，让仔兔吸吮。一旦发现母兔拒绝哺乳，一定要及时检查。拒绝哺乳的原因多由乳房炎症、少奶、母性差引起。

（2）环境良好 要营造通风、干燥、清洁、安静的环境，防止用粗暴行为或不规范的操作惊吓到母兔。

（3）定时检查 每天定时检查产箱，一旦发现产箱潮湿，应及时更换垫料。及时清理死亡、弱小的仔兔。

（4）及时观察 注意母兔的吃料、排粪情况、行为习惯和精神面貌，及早捕捉疾病的蛛丝马迹。

（5）注意母乳分泌情况 哺乳母兔每天分泌乳汁，消耗了大量的营养物质，所以这段时间最好让母兔自由采食。若母兔泌乳不足，可添加炒熟或煮熟的黄豆、一小撮芝麻或 8～10 粒花生米；若奶水过多，可喂 2%～2.5% 的冷盐开水，或者将大麦芽炒黄饲喂，同时减少多汁饲料的含量。在更换饲料时要设 1 周的过渡期，以免由于乳汁成分的改变引发仔兔肠道疾病。

（6）预防乳腺炎 诱发母兔乳腺炎的主要因素有：当泌乳量过高时，仔兔吃不完；当泌乳量过低时，仔兔由于吃不饱而使劲吸吮，咬伤母兔奶头；产箱里钉、钩及其他锋利物会刺破乳房。当发现乳腺炎时，应第一时间进行治疗，否则会加重病情，导致仔兔得黄尿病。该病死亡率极高。

三、做好仔兔的饲养管理

从出生到断奶的小兔，称为仔兔。在这一时期，仔兔由恒温、营养供应充足的母体环境转到产箱、垫料和外界空间构建的多变环境，而仔兔的调节机能还很差，所以需要仔细观察，认真护理，以提高仔兔的成活率（图 6-3）。根据仔兔的发育特点，将这一时期分为睡眠期和开眼期。

图 6-3 刚出生的仔兔

1. 睡眠期

睡眠期是指仔兔从出生到开眼的时期。仔兔出生后全身无毛，双眼紧闭，耳孔闭合（图 6-4、彩图 17）。仔兔的体温调节能力和消化机能均不完善，如果护理不当，极易引起死亡。这个时期的饲养管理重点如下。

图 6-4 安睡的仔兔

（1）早吃奶、吃足奶 分娩后前3天所产的奶为初乳。初乳中富含蛋白质、乳糖、维生素和矿物质，初乳中的免疫球蛋白可提高仔兔的免疫力，初乳中的镁盐具有轻泻作用，有助于促进肠道蠕动而排出胎粪，所以一定要让仔兔早吃奶、吃饱奶。一般来说，母兔边产仔边哺乳，待产仔结束后5分钟左右，母兔即哺乳完毕。然而，由于母兔初产、母性不强、死亡、产仔过多等，初生仔兔吃不到奶的现象时有发生。

【小经验】

从外部可观察到，刚吃饱奶的仔兔腹部有一团和其他部分颜色不一致的白色或粉红色的物质，就是乳汁（图6-5）。

图6-5 吃饱奶的仔兔

（2）强制哺乳 将母兔提出笼外，放于产仔箱中，让仔兔吸吮。每日强制饲喂1次，待仔兔吃饱后挪开，连续训练3~5天，多数母兔即可自动哺乳。

（3）寄养仔兔 如果母兔产仔过多或过少，母兔生病或死亡，

导致无法哺乳，则需要调整部分仔兔进行寄养。最好选择母兔产期相差1～2天的仔兔进行寄养。

【小经验】

在寄养时，将母兔挪开，将待寄养兔放入产箱中，使仔兔充分接触，0.5～1小时后再将代养母兔放入产箱内给仔兔哺乳。

（4）人工喂养 如果找不到代养母兔，可采用人工喂养的方法。喂养时，在注射器、眼药水瓶或玻璃滴管等的管嘴上连一根自行车气门芯，将35℃左右的牛奶、羊奶或稀释奶粉慢慢滴入仔兔口中。在喂养前应将相关设备用沸水消毒。人工喂养虽可将一部分仔兔喂活，但仔兔的生长速度低于自然哺乳的仔兔。这种方法耗费人工，效率低，除了在非常必要的情况下，一般不推荐采用。

（5）防止吊乳 若母兔哺乳时受到骚扰，惊慌失措，或者母兔乳汁少，仔兔吃不饱仍吸吮乳头，母兔会跳出产箱，并可能将仔兔带出。离开产箱的仔兔容易被冻伤或遭踩踏致死。在母兔哺乳时要经常检查，一旦发现被吊出的仔兔应及时将其捡回产箱。如果发现仔兔身上有点凉，可将其放回产箱中，由其他仔兔用体温暖热受冻仔兔。如果发现仔兔被冻僵，可将仔兔身体放入40～45℃的热水中，露出鼻孔。经过5～10分钟，仔兔身体开始蠕动，发出"吱吱"的叫声，即可用软毛巾擦开，并放回原产箱。也可用柔软毛巾将仔兔身体包裹，放到烤炉边或装有温水的热水袋上，不断翻动，待仔兔身体蠕动并发出叫声后，将仔兔放回原产箱。

（6）预防仔兔黄尿病 一旦仔兔吸吮患了乳腺炎母兔的乳汁，就会引发仔兔急性肠炎。患病仔兔粪便如水，呈黄色；病兔昏睡，全身发软；全窝发病或陆续发病；死亡率极高。一旦发现母兔患有乳腺炎，应立即进行治疗。仔兔口滴庆大霉素3～5滴进行治疗。在条件允许的情况下，可将仔兔进行寄养。

（7）防止鼠害 仔兔长毛前，身体裸露，极易遭受鼠害，全窝仔兔都会被老鼠咬死或吃掉。可将兔舍封闭，防止老鼠入内。兔场也应长期用器械灭鼠或定期投放药物灭鼠。

2. 开眼期

仔兔出生后 12 天左右睁开眼睛，将开眼到断奶这段时期称为开眼期。在开眼期，仔兔体重日渐增加，母兔乳汁已无法满足仔兔的需要，所以仔兔常紧追母兔吃奶，所以又叫追乳期。该阶段的饲养管理技术要点如下。

（1）观察开眼情况 在营养状况比较好的情况下，部分仔兔 11 天就开眼。如果仔兔体质差，有可能在 13 天或 14 天开眼，所以应加强护理。如果仔兔在 14 天后仍未开眼，可用棉签蘸温开水软化眼睛，清除眼边的分泌物，辅助开眼。

（2）注意补料 肉用兔和獭兔一般在 15～16 日龄补料，长毛兔在 18 日龄补料。在补料时，可将长条形的食盒放入笼中，或者让仔兔到母兔食盒里试吃饲料，让仔兔适应固体饲料。

（3）适时断奶 一般来说，仔兔在 30～35 日龄，体重在 500～900 克之间即可断奶。主要喂青草的兔场，断奶时间可适当晚些，可在 35～42 日龄断奶。在采用全进全出的规模化兔场，可将仔兔一次性断奶。在养兔规模小的兔场，一窝内仔兔体重大小不一，可先将较大的仔兔断奶，较小的仔兔在 3～5 天后断奶。在断奶时，最好将母兔移走，将仔兔留在原来的笼子里，尽量做到饲料、环境和管理三不变，这样可以缓解断奶应激。

四、做好幼兔的饲养管理

从断奶到 90 日龄的兔称为幼兔（图 6-6）。幼兔从吃液体乳汁转变为吃固体饲料，从依赖母体到独立生活，环境条件发生了极大的改变。同时，幼兔食欲旺盛，生长发育快，但消化器官仍处于发育阶段，消化机能尚不完善，因此抗病力差，是家兔生产中养殖难度最大、死亡率最高的阶段，因此能否将幼兔养好决定养兔业的成败。该阶段的饲养管理要点如下。

图 6-6 幼兔

1. 注重营养

幼兔的饲料应营养均衡，易消化，同时适当提高粗纤维的含量。粗纤维的含量最好不低于 14%。在饲喂时，采用限制饲喂，一开始每天按照体重的 5%，分多次投喂饲料，以后逐渐增加投喂量。

2. 减少应激

将断奶、打耳号、分群、打疫苗等工作分开进行，降低幼兔的应激反应。

3. 合理分群

将幼兔在原笼子饲养一段时间后，按照生产目的、体重大小、体质强弱等进行分群。根据兔笼的大小或养殖方式，确定每群的幼兔数。

4. 搞好环境卫生

保持兔舍内干燥通风，定期进行消毒。

5. 预防性投药

在饲料中添加氯苯胍、地克珠利等抗球虫药物，预防球虫病的发生。保持兔舍的清洁和干燥，在换季、天气骤变等情形下，将电解多维、复合酶制剂、微生物制剂、益生元、中草药添加剂等添加到幼兔饲料中，预防疾病的发生。应定期全场驱虫，防止疥癣的发生与传播。

6. 做好疫苗注射工作

及时注射兔瘟疫苗，在必要时可注射巴氏杆菌、大肠杆菌、波氏杆菌或产气荚膜梭菌疫苗等。

7. 剪长毛兔胎毛

幼兔在 2 月龄左右进行第一次剪毛，即将胎毛全部剪掉。剪毛后可促进幼兔新陈代谢，促进生长发育。

【提示】

体质瘦弱或刚断奶的幼兔不宜剪毛，第一次采毛时不宜拔毛。

五、做好青年兔的饲养管理

3 月龄到初配这一生理阶段的兔称为青年兔，又称为育成兔或后备兔。在这个阶段，青年兔的消化机能逐渐完善，采食量大，抗病力强，一般很少患病。在饲养管理方面应注意以下几点。

1. 单笼饲养

3 月龄以后的兔逐渐达到性成熟，但未达到体成熟，为防止早配、乱配，青年兔应该单笼饲养。

2. 保持体况

青年兔生长速度快，以骨骼和肌肉的增长为主，在营养上要具有充足的蛋白质、维生素和矿物质。青年兔的新陈代谢快、采食量大，为以后能顺利配种，应该保持合适的体况，所以应控制投喂饲料量，防止过瘦或过肥。

3. 选种鉴定

按照选种选配的方法，每月对青年兔进行体尺、体貌和体重的测定，把合乎要求的青年兔挑选出来，建立后备的繁殖核心群。对不宜留种的个体，应及时淘汰。

4. 适时配种利用

从5～6月龄开始就要对公兔进行爬跨训练。经过调教的公兔性欲旺盛，爬跨准确，为以后顺利配种，或人工授精时节省采精时间、提高精液品质奠定基础。

六、做好商品獭兔的饲养管理

商品獭兔是指3月龄到去皮阶段的獭兔。饲养獭兔的目的是获得优质毛皮，而商品獭兔养殖的好坏，直接影响皮张的质量，所以皮用兔对饲养管理也有特殊要求。

1. 合理分群

在断奶至2.5～3个月，将獭兔按照体重大小、强弱分群。为防止獭兔间相互撕咬，应将3月龄以上的獭兔单笼饲养，在笼子间用隔板隔开。

2. 幼兔饲养

在3月龄以前，獭兔的增重和毛囊的分化都非常强烈，3月龄后增重和毛囊的分化则急剧下降，所以幼年獭兔骨骼、肌肉、毛皮组织的发育决定了成年獭兔皮张的面积和密度。而幼年兔的营养水平可增加体重，增大体型，从而有利于提高皮张面积。均衡的营养可以促进毛囊发育，增加毛密度。一般在断奶至3.5月龄提高营养水平，或在50日龄至3.5月龄采取自由采食的饲喂方法。在3.5月龄后，降低营养水平，或按照自由采食的80%～90%饲料量进行饲喂。

3. 适时去势

獭兔在3～4月龄时达到性成熟，商品獭兔出栏期为5～6个月。在2.5～3个月将不留作种用的獭兔去势。去势后的公兔性情温顺、生长迅速，不仅便于管理，还可提高皮张的质量。

4. 预防疾病

应保持兔舍清洁干燥，及时清除兔笼里的污物，避免污染毛皮。应积极预防直接损害毛皮质量的疥癣、霉菌性脱毛癣、皮下脓肿、兔痘、湿性皮炎等疾病。一旦发病，应立即隔离治疗，并对全群进行彻底消毒，并采取预防措施。

5. 适时取皮

獭兔要经历春季和秋季的季节性换毛和从出生到6月龄之间的两次年龄性换毛。在换毛期间绝对不能取皮。

獭兔被毛成熟的标志是被毛长齐、皮板厚实、毛纤维附着结实。獭兔冬皮的质量最好，夏皮的质量最差。一般来说，通常皮用兔的可采皮时间为5~6个月。所以，应根据皮用兔的生长规律，合理安排生产计划，确定最佳的去皮季节和时间。

七、做好商品毛兔的饲养管理

产毛兔是指专门用于生产兔毛的长毛兔。饲养长毛兔的目的是获得大量优质的兔毛。和其他用途兔相比，长毛兔有其特殊性，需要有针对性地进行饲养管理。

1. 注重营养

长毛兔次级毛囊的产生与分化主要出现在妊娠后期和出生后的早期，所以应重视母兔妊娠期和哺乳期的营养，促进毛囊分化，增加被毛的直径和密度，从而提高产毛量。

兔毛的主要成分是角蛋白，含硫氨基酸占15%左右，因此饲料中必须富含蛋白质和氨基酸。一般来说，产毛兔日粮中粗蛋白质的含量为17%~18%，含硫氨基酸为0.6%~0.8%。同时，在产毛兔日粮中添加微量元素钴、锌、铜等可明显增加产毛量。

2. 提供清洁的环境

饲养长毛兔的兔舍要求清洁、干燥、通风；兔笼要宽敞、无毛

刺；笼底板要平整，板条要宽，以预防脚皮炎。

3. 科学管理

幼兔断奶后可按大小、强弱分笼饲养，每笼 3 ~4 只，到 3 月龄后单笼饲养。

4. 提高群体中母兔的比例

一般来说，在品种、年龄、体重等条件相同的情况下，母兔的产毛量高于公兔，母兔产毛量比公兔高 15% ~20%，且母兔兔毛的结块率也低于公兔。去势公兔比未去势公兔的产毛量高。在生产中，可提高兔群中母兔的比例，并将公兔去势，以提高群体产毛量和兔毛品质。

5. 合理利用使用年限

长毛兔的产毛量和兔毛品质与年龄有关。不到 1 岁的长毛兔，产毛量低，毛质较粗；1 岁以后，产毛量逐渐提高；1 ~3 岁，产毛量和兔毛品质都不错；3 岁以上，产毛量逐渐下降。公兔产毛量的退化速度比母兔快。长毛兔的产毛寿命通常为 3 ~4 年，随后就要被淘汰，所以兔场应培育足够的后备兔，维持整个兔群的新老更替。

6. 定期梳毛

梳毛是长毛兔养殖过程中的一项日常工作。当兔毛长到一定长度时，容易缠结。兔毛密度较低的长毛兔，更容易缠结。仔兔自断奶后就可以梳毛，以后根据长毛兔的品种和生长情况确定梳毛的间隔时间。

7. 定期采毛

采毛是长毛兔养殖过程中的一个重要环节。采毛可以刺激皮肤毛囊发育，使血液循环加快，毛纤维生长加速。增加剪毛次数可提高产毛量，然而，剪毛次数过频，兔毛品质下降。成年兔每年可剪四五次毛，养毛期为 91 天或 73 天。南方较温暖地区每年剪毛 5 次，北方地区每年剪毛 4 次或每两年剪毛 9 次。养殖者可根据不同季节和市场情况，适当调整养毛期。采毛方法有剪毛、拔毛和化学脱毛。拔毛可提高兔毛纤维直径和质量，所以粗毛型兔适合拔毛，而绒毛型兔适合剪毛。

八、做好不同季节兔的饲养管理

1. 春季的饲养管理

春天气温回升，阳光充足，气候多变。南方阴雨潮湿，北方风沙大、早晚温差大，在饲养管理上应加以注意。

（1）注意倒春寒 春天的气温非常不稳定，倒春寒严重，温度骤热骤冷，家兔极易感冒，诱发肺炎，仔、幼兔易患肠炎。在生产中应精心护理，提高仔、幼兔的成活率。有供暖条件的兔舍不要撤掉加温设施，一旦有降温天气，随时可以加温保暖，保证兔舍温度相对稳定。

（2）加强营养 家兔在经过漫长的冬天之后，一般体况较差。3～4月是家兔的春季换毛期，需要加强营养。在有条件采集青草的兔场，每天喂点青绿植物，补充维生素和矿物质，不仅可以降低成本，还有利于种兔繁殖。没有条件喂青绿饲料的兔场，应保证维生素A、维生素D和维生素E的添加量，以促进母兔发情。青绿植物含水量大，不宜饲喂过多，否则会引起腹泻。

（3）预防疾病 春季气温渐升，雨水增多，空气湿度大，病原微生物大量繁殖，饲料也易发霉，幼兔胀肚、拉稀现象非常普遍，发病率和死亡率均较高，所以应注意保持兔舍的清洁卫生，坚持消毒和防疫，预防疾病的发生。同时，应注意在饲料中增加粗纤维的含量，添加酶制剂、酸化剂、微生物制剂等，预防疾病的发生。

（4）搞好春繁 春天公兔精液品质好，母兔发情明显，配种受胎率高，产仔多，是繁殖的黄金季节。应及时发现发情的母兔，加强配种。在晚春季节，南方气温有可能升到30℃以上，使公兔的精液品质变差，应及早检修水帘降温系统，以便随时可以启用水帘降温，也可将种公兔集中在空调房内，确保公兔处于正常的生理

状态。

2. 夏季的饲养管理

夏季的气候特点是气温高、降雨多、湿度大。高温、高湿有利于病原微生物繁殖，兔常患消化道疾病，尤其是断奶幼兔的发病率和死亡率很高。由于兔的汗腺不发达，夏季持续高温也易引起兔中暑，所以防暑降温和防病灭病是该季节工作的重点。

（1）防暑降温 在全封闭式兔场最好安装空调或湿帘来降温。在开放式或半开放式兔场，防暑降温方式有：将黑色遮阳网悬挂在侧面，兔舍顶部安装喷水装置；种植藤蔓植物如丝瓜、葡萄等；种植树冠大的树木，舍内安装电扇；在中午高温时可向地面、外墙墙壁喷洒凉水，并打开电风扇，通过通风和蒸发来降温。

（2）精心饲喂 夏季天气炎热，兔子食欲不振，采食量下降，机体营养物质摄入不足，长势差，所以应增加饲料中能量、蛋白质的浓度。可在饲料中添加2%的大豆油或葡萄糖来增加饲料的适口性，有条件的兔场可饲喂一些优质青草，也可在饲料中添加0.5%的小苏打。在喂饲料时要坚持早上少喂、晚上多喂的原则。在阴雨天气，饲料中需要添加木炭粉、益生菌、复合酶制剂、低聚木糖等预防肠道疾病，添加抗球虫药预防球虫病等。此外，要妥善存放饲料，防止霉变。

（3）供足饮水 夏季要供应充足、清洁的饮用水，可以预防家兔中暑。兔场最好安装自动饮水器，保证24小时供水。可在饮水中加入1%的食盐，提高饮水量，补充体液和防暑解渴；可在饮水中加入“十滴水”、藿香正气水预防中暑；还可在饮水中加入0.01%的高锰酸钾来预防消化道疾病。

（4）预防疾病 夏季蚊蝇滋生，病原菌繁殖，所以一定要做好灭蚊、灭蝇和灭鼠工作。要切实做好兔舍内外、笼具和食盒的清洁卫生，每周对兔舍内外进行消毒。夏季热应激，会导致兔体抵抗力下降，抗病力变弱，球虫病高发，引起幼兔大批死亡。应定期投喂抗球虫药，各种球虫药要轮换使用，还要预防大肠杆菌、兔瘟、巴氏杆菌等疾病。

（5）适度配种 研究表明，当室温高于25℃时，精子活力就会受到影响。当室温在30℃以上时，精子密度和活力会明显下降，畸形精子数量明显增加。同时，母兔发情不规律，受胎率低，配种成功率差，应停止配种和繁殖。然而，按照市场行情的规律，每年的9月以后肉兔价格明显升高，夏季停止配种将严重影响养兔的效益。所以，应采取有效的措施降温，使兔场能开展正常的繁殖工作。

3. 秋季的饲养管理

秋季阳光充足、温度适宜、气候干燥、青绿植物多，适合家兔繁殖和育肥。但晚秋气温骤降，大风较多，家兔易患感冒，所以在饲养管理上应重视这些因素。

（1）加强营养 秋天是家兔的换毛期，家兔的营养消耗多，体质变弱，食欲差，应增加饲料中蛋白质、维生素、矿物质的含量，或者补充青绿饲料。

（2）预防疾病 秋季也是疾病的多发季节，晚秋气温降低会导致家兔免疫力下降，易患消化道和呼吸道疾病。秋季家兔换毛，如果不注意清洁的话，会导致兔舍内兔毛飞扬，诱发呼吸道疾病，或者诱使家兔误食兔毛，导致毛球病的发生，因此，应用火焰喷枪及时焚烧兔毛。

（3）抓好秋繁 秋季适合家兔繁殖。为提高秋季的繁殖效果，应全群加强营养，恢复公兔的体况，促进母兔发情。秋季仍要警惕高温天气，及时降温，防止母兔中暑、难产。在中、晚秋，气候适宜，应及时配种，提高繁殖效率。秋季日照渐短，母兔发情不正常，应加强人工补光。

（4）收集粗饲料 秋季是收获的季节，农副产品相继收获，应做好花生秧、甘薯秧、玉米秸的收割、收购和晾晒工作，并要合理贮存，严防霉变。

4. 冬季的饲养管理

冬季日照时间短，气候寒冷，青绿饲料缺乏，家兔生长缓慢，饲养管理的难度加大，所以必须重视冬季的饲养管理。

(1) 防寒保暖 冬季气温低，要设法防寒保暖。入冬时要关好门窗。开放式或半开放式兔舍要挂草帘，或者扣塑料大棚，在大棚两侧挂草帘子。在北方寒冷地区，有条件的兔场可以增加远红外板、土暖气和沼气炉来增温。在室内生火时，要加强管理，严防一氧化碳中毒和火灾事故的发生。在采取保温措施时，要注意保持温度相对稳定，不要忽高忽低。要经常检查产箱，更换潮湿的垫料，防止仔兔冻伤。

(2) 合理饲喂 冬天天气寒冷，家兔散热多，所以要根据这个季节的特点，科学地配制饲料和确定饲喂量。一般来说，需要增加能量的10%~15%，或者饲喂量比平时增加10%，也可在饲料中增加青草、胡萝卜、大麦芽等以补充维生素含量的不足。

(3) 加强管理 由于冬季兔舍密闭性增加，导致兔舍内空气污浊，氨气、硫化氢、二氧化碳等有害气体增多，容易诱发鼻炎、肺炎等呼吸道疾病。然而，通风过多易导致兔舍气温下降，导致有效保温和良好通风二者之间无法兼顾。在有条件的情况下，尽量采用传送带清粪系统，或者勤清理粪尿、产仔箱和兔笼中的污垢，尽可能减少污浊空气的产生。在中午气温较高时，打开门窗或风机，排出浊气，但要注意气温下降的幅度。

冬季比较寒冷，剪毛容易使长毛兔感冒，所以应该选在相对温暖的天气剪毛。剪毛时，最好采用拔毛的方法，拔长留短。

(4) 做好冬繁 冬天气温低，空气干燥，不利于寄生虫和病原微生物的繁殖。在做好防寒保暖的同时，做好冬繁。仔、幼兔在冬天生长速度快，体质健壮，成活率高，争取多繁多养。尽量选择在天气晴朗时，或者在中午配种。然而，初生仔兔容易被冻死，所以要加强饲养管理，减少损失。

第五节　采用“全进全出”生产模式

“全进全出”生产模式是一批家兔同时进入一栋兔舍，又同批次离开兔舍，可以形成高密度和批次化的生产。具体方法是：先将兔舍进行彻底的清洗和消毒，饲养完一批家兔后将兔舍清空，再进行一轮彻底的清洗和消毒，这样可以减少养殖场的病原菌，提高兔群的健康水平。

一、“全进全出”的基本要求

“全进全出”循环繁育模式需要采用繁殖控制技术和人工授精技术，进行批次化的生产。目前主要有42天或49天两种繁殖模式，即2次产仔之间的间隔是42天或49天。要实现“全进全出”，需要有转舍的空间，兔舍数量是成对设置的。所有兔舍都具备繁殖和育肥双重功能，每幢舍有相同的笼位数。下层笼位为繁殖兔笼，上层笼位放置育肥兔。

二、“全进全出”的工艺流程

下面以42天繁殖周期为例阐述工厂化养兔的工艺流程：将成对兔舍分为1、2号兔舍，假设将后备母兔转入1号兔舍，适应环境后采用同期发情处理。在人工授精前6天将光照时间从12小时增加到16小时，人工授精后11天内持续16小时光照。人工授精后12天做妊娠鉴定，产仔前5天将隔板和垫料放好。母兔产仔后5天开始将光照时间由12小时增加到16小时，产后11天再进行人工授精，人工授精后11天内持续光照16小时，在人工授精12天后进行妊娠诊断，35天断奶。断奶后将母兔转移到2号兔舍里，将断奶仔兔留在1号兔舍的笼子里继续育肥直至出栏，出栏后对1号兔舍进行彻底清洗、消毒。母兔在2号兔舍产仔，产后35天断奶，将母兔转移到1号兔舍，将断奶仔兔留在2号兔舍的笼子里继续育肥直至出栏，出栏后对

2 号兔舍进行彻底清洗、消毒。如此循环，形成“全进全出”的 42 天循环繁育模式（图 6-7）。

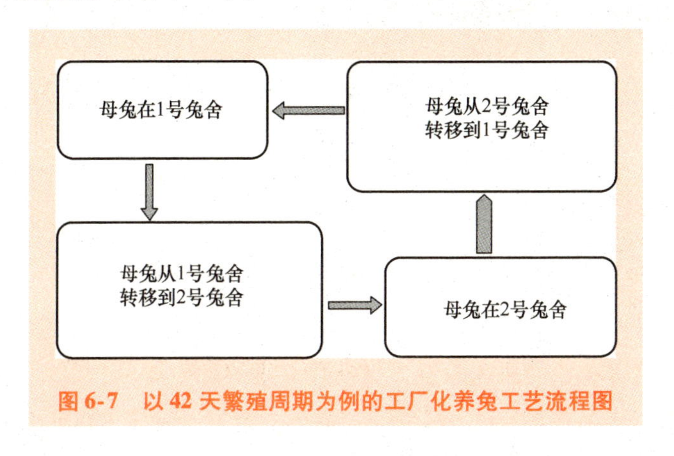

图 6-7　以 42 天繁殖周期为例的工厂化养兔工艺流程图

第七章

加强疾病综合防范，向健康要效益

第一节　家兔防疫与疾病防治的误区

随着养兔业的快速发展，规模化、集约化生产的程度不断提高，家兔的发病率和死亡率随之攀升。此外，在疫病防治方面仍存在不少误区，加大了疾病控制的难度。

一、消毒剂应用不合理

化学消毒药物只有在一定的浓度下才能杀灭病原微生物。然而，不少养殖人员在配制消毒液时，不注意适用范围，没有经过测算就配制溶液，导致消毒液浓度不合理。有些养殖人员在配制溶液时，没有将消毒液进行充分混合，影响消毒效果。一些兔场长期使用一种消毒剂，导致消毒失败。

【小经验】

在配制消毒液时，应仔细阅读产品说明书，了解在养殖场、栏舍环境、消毒池、器械设备、运输车辆或人员等不同适用范围，在日常消毒、周围有疫情暴发、本场疫病暴发、烈性疾病暴发时等不同情形的稀释倍数和消毒方式，防止滥用或少用消毒剂所造成的损失。

二、免疫程序应用不合理

一些兔场在制定免疫程序时生搬硬套，过多的免疫程序会增加成本，引起家兔的应激反应，造成不必要的浪费。有些兔场不按规定的免疫时段和注射剂量进行免疫工作，导致免疫失败的情况时有发生。对于血清型比较多的疾病，由于没有选对有针对性的疫苗，疫苗发挥不出作用，也延误了疾病防治的时机。

在不同地区、不同气候环境、不同饲养规模、不同设施设备、不同管理方式下，疫病的发生发展情况不同，免疫程序也有所不同。兔场在制定免疫程序时，要考虑对家兔危害比较大的急性、烈性传染病，针对本地区疫病的流行特点和本场的设施设备情况，制定合理的免疫方案。在免疫环节，兔瘟疫苗是必用的，巴氏杆菌、波氏杆菌、大肠杆菌、魏氏梭菌等疫病则根据情况酌情免疫。

三、追求低价而忽视药物质量

不少兔场为了降低生产成本，以低价购买了质量低劣的药品。物美价廉是养兔场在购买药物时首要考虑的因素，这无可厚非。然而，目前兽药市场良莠不齐，药物质量真假难辨。不少厂家为了用低价吸引养殖者，降低药品中的有效成分，导致疾病防治效果不佳。良好的药物质量是做好疫病防治的前提，在购买药物时不能一味追求低价。

四、滥用抗生素

抗生素可杀灭或抑制病原微生物。然而，在治疗疾病时，切忌大剂量使用抗生素。盲目使用抗生素，会引起病原菌的耐药性。这不仅耽误疾病治疗的时机，还会引发其他疾病。

五、重治疗轻管理

不少兔场以会治病为荣，经常奔走各兔舍治疗各种各样的疾病，导致生产效率低下。事实上，饲养管理工作贯穿于养兔工作的全程，是疾病防治工作中最重要的一环。每天应定时对兔群进行例行检查，观察兔子的精神面貌、食欲、粪便等，发现问题及时处理。应做好消毒、防疫、治病等工作，树立“防大于治”的观念。

第二节　做好家兔疾病的预防

一、加强管理

家兔个体小，抗病力弱，一旦发病，病程短，治疗效果差，死亡率高。兔疫病防治技术是一个系统工程，涵盖兔场选址、兔舍布局及建设、饲料营养与配合、环境卫生及消毒、饲养管理等方面。

1. 兔场选址及兔笼建造原则

兔场场址的选择是养兔成败的关键性措施之一。场址要求地下水位低、地势高燥、排水良好。水源充足、水质良好、交通方便。兔场的清洁道与污道应区分开，兔舍与兔舍之间可种植植物进行分隔。舍内外应备有消毒设备。兔舍应能防寒暑、避风雨。整个兔场通风良好，兔笼安装、布局应便于饲养管理。

2. 饲料营养与配合

饲料和营养与家兔的健康有着密切的关系，应选择安全、质优的原料，并采用安全的储存措施。饲料配方合理、粉碎粒度适宜，混合均匀度合格、调质参数合理、颗粒饲料软硬适中。颗粒饲料在使用时应坚持“先进先出”的原则。饲喂青绿饲料时，对收集来的青绿饲料要尽量抓紧喂完，不要等堆积发热、发黄、变质后再饲喂。

3. 环境卫生和消毒

环境卫生：生产区内各栋兔舍周围和人行道每3~5天清扫1次，兔舍、兔笼、通道、粪尿底沟每日清扫1次，定期清洗水箱、食槽、产箱等，定期进行兔舍内外环境消毒。

消毒措施：应在兔场大门设置消毒池，所有出入兔场的机动车必须通过消毒池。消毒液必须由专人补充。人员进入生产区均须经过紫外消毒或喷淋消毒。兔舍门口、固定兔笼出入口的地方设置消毒池。

应交替选用3%来苏儿、2%火碱、5%漂白粉、30%草木灰、0.5%甲醛、0.5%过氧乙酸、0.02%百毒杀等消毒药进行消毒。

兔场发生传染病时，应迅速隔离病兔，单独饲养和治疗。对受污染的地方和所有用具进行紧急消毒，病死兔要远离兔场进行烧毁或深埋。病兔笼和污物用喷灯严密消毒。饲养人员要搞好个人卫生，加强出入消毒，严防饲料、饮水、垫料污染。兔舍、兔笼用具及环境每3~7天消毒1次，发生急性传染病的兔群应每天消毒1次。兔舍带兔消毒应选择在晴天进行，并注意通风。当传染病扑灭后，不再发现病兔时，应进行1次全场大消毒。

4. 饲养管理

饲养管理工作贯穿于养兔工作全程，是疾病防治工作中最重要的一环。每天定时定量喂家兔。定时对兔群进行例行检查，观察家兔的精神面貌、食欲、粪便等，发现问题及时处理。做好日常的配种、摸胎、接产等工作。加强对仔、幼兔的管理，防止伤食、拉稀、肚胀等疾病。

二、强化预防

1. 健康检查

每天对兔群进行日常检查，随时掌握兔群的健康状况，是保证兔场安全生产的重要措施。日常检查主要包括以下内容。

（1）采食情况 一般来说，在每次喂料时，家兔会守在笼门前，急切地等着饲料的到来。待饲养人员将饲料投放到食盒中时，家兔立即采食。若家兔在饲养人员投喂饲料时无动于衷，或者剩料过多，食欲废绝，则是生病的表现。

（2）检查粪便 正常的兔粪呈椭圆形，光滑匀整，颗粒之间基本不粘连；肛门周围、尾根和腿部干净，无污物。若粪便颗粒变大、变软，粘连在一起，或稀薄不成形，或粒小坚硬，或有胶冻状黏性物质，有腥臭味，则是生病的表现。

(3) 检查鼻孔 正常家兔鼻孔干净、周围无黏液，呼吸均匀，无喷嚏。若鼻腔有分泌物外溢，或鼻端玷污，呼吸急促，则是生病的表现。

(4) 检查眼睛 正常家兔眼角干净，眼睛明亮有神。若眼角有大量分泌物，眼结膜红肿、流泪，则是生病的表现。

(5) 检查耳朵 正常家兔的耳朵转动自如，耳内干净无污垢，手摸时感到温暖。若耳朵过热或过凉，则是生病的表现。

(6) 检查被毛及皮肤 正常家兔的被毛浓密，富有光泽，被毛干净，皮肤柔软而有弹性。若家兔被毛上有污物、粗乱而无光泽，皮肤上有皮癣、肿块，则是生病的表现。

(7) 体温 正常家兔的体温为38.5～39.5℃。若体温高于或低于正常体温1℃，则是生病的表现。

2. 兔群免疫

(1) 毛兔、獭兔免疫程序（表7-1～表7-3）

表7-1 仔、幼兔的免疫程序

免疫日龄	疫苗名称	剂量/毫升	免疫途径
35～40日龄	兔病毒性出血症、多杀性巴氏杆菌病二联灭活疫苗或兔病毒性出血症（兔瘟）灭活疫苗	2	皮下注射
60～65日龄	兔病毒性出血症、多杀性巴氏杆菌病、产气荚膜梭菌病三联灭活疫苗	2	皮下注射

表7-2 非繁殖青年兔、成年产毛兔免疫程序

（每年2次定期免疫，间隔6个月）

定期免疫	疫苗名称	剂量/毫升	免疫途径
第1次	兔病毒性出血症、多杀性巴氏杆菌病、产气荚膜梭菌病三联灭活疫苗	2	皮下注射
第2次	兔病毒性出血症、多杀性巴氏杆菌病、产气荚膜梭菌病三联灭活疫苗	2	皮下注射

表 7-3 繁殖母兔、种公兔免疫程序（每年 2 次定期免疫，间隔 6 个月）

定期免疫	疫苗名称	剂量/毫升	免疫途径
第 1 次	兔病毒性出血症、多杀性巴氏杆菌病、产气荚膜梭菌病三联灭活疫苗	2	皮下注射
	兔病毒性出血症灭活疫苗	1	
	兔病毒性出血症、多杀性巴氏杆菌病二联灭活疫苗	2	皮下注射
	兔产气荚膜梭菌病灭活疫苗	2	
第 2 次	兔病毒性出血症、多杀性巴氏杆菌病、产气荚膜梭菌病三联灭活疫苗	2	皮下注射
	兔病毒性出血症灭活疫苗	1	
	兔病毒性出血症、多杀性巴氏杆菌病二联灭活疫苗	2	皮下注射
	兔产气荚膜梭菌病灭活疫苗	2	

（2）肉兔免疫程序（表 7-4 ~ 表 7-6）

表 7-4 商品肉兔免疫程序（70 日龄出栏）

免疫日龄	疫苗名称	剂量/毫升	免疫途径
35 ~ 40 日龄	兔病毒性出血症、多杀性巴氏杆菌病二联灭活疫苗或兔病毒性出血症（兔瘟）灭活疫苗	2	皮下注射

表 7-5 商品肉兔免疫程序（70 日龄以上出栏）

免疫日龄	疫苗名称	剂量/毫升	免疫途径
35 ~ 40 日龄	兔病毒性出血症、多杀性巴氏杆菌病二联灭活疫苗或兔病毒性出血症（兔瘟）灭活疫苗	2	皮下注射
60 ~ 65 日龄	兔病毒性出血症、多杀性巴氏杆菌病、产气荚膜梭菌病三联灭活疫苗	2	皮下注射

表 7-6 繁殖母兔、种公兔免疫程序（每年 2 次定期免疫，间隔 6 个月）

定期免疫	疫苗名称	剂量/毫升	免疫途径
第 1 次	兔病毒性出血症、多杀性巴氏杆菌病、产气荚膜梭菌病三联灭活疫苗	2	皮下注射
	兔病毒性出血症灭活疫苗	1	
	兔病毒性出血症、多杀性巴氏杆菌病二联灭活疫苗	2	皮下注射
	兔产气荚膜梭菌病灭活疫苗	2	
第 2 次	兔病毒性出血症、多杀性巴氏杆菌病、产气荚膜梭菌病三联灭活疫苗	2	皮下注射
	兔病毒性出血症灭活疫苗	1	
	兔病毒性出血症、多杀性巴氏杆菌病二联灭活疫苗	2	皮下注射
	兔产气荚膜梭菌病灭活疫苗	2	

第三节 做好家兔常见疫病的防治

一、传染病

1. 兔病毒性出血症（兔瘟）

兔病毒性出血症是由兔瘟病毒感染引起的一种急性、烈性和高度接触性传染病，俗称“兔瘟”。最急性型病兔会突然死亡，对兔业生产威胁极大。

【病原及流行特点】 兔瘟的病原为兔出血症病毒。该病毒在环境中非常稳定，对酸碱、氯仿、乙醚等不敏感。该病是一种急性败血性传染病，发病率高，呈毁灭性流行，死亡率高达 90%～100%。该病对 40 日龄以上的家兔危害大，40 日龄以下和部分老龄兔一般不易感，哺乳仔兔不发病。一年四季都可发病，但春、冬季时发病较多，夏季发病较少。本病的传播途径较多，病死兔是主要的传染源，被污染的饲料、饮水和笼具，人员、车辆来往等都能引发疾病传播。

【临床症状】 根据临床症状，将本病分为最急性型、急性型和慢性型。

（1）最急性型 常发生在流行初期或非疫区。在毫无征兆的情况下，病兔突然倒地、尖叫抽筋而死，或者在笼子里乱蹿、乱撞。部分病兔鼻孔流出泡沫状血液。

（2）急性型 常发生在流行中期。病兔精神不振，被毛粗乱，体温升高至41℃以上，食欲减退或废绝，饮欲增加。临死前在笼内跑跳，倒地后抽搐，惨叫而死。少数病兔的鼻孔流出血沫，个别排出血便。

（3）慢性型 多发生在流行后期或疫区。家兔精神沉郁，体温略微升高，食欲减退，饮欲增加，病程2天以上，不死者可缓慢恢复，但长势缓慢。

【病理变化】 最急性型和急性型患兔全身实质器官瘀血、水肿、出血，肝脏特征性变性或坏死。气管黏膜和喉头瘀血，出现气管环，肺出血，胆囊肿大，胃出血，最急性型胃黏膜脱落，直肠黏膜充血，子宫、睾丸瘀血。

【诊断】 根据发病的年龄和病理变化特点做初步判断。坏死点主要在肝部，可采集肝组织，进行O型血凝集试验确诊。

【提示】

兔瘟和败血型巴氏杆菌有相似的症状，但兔瘟发病有年龄界限，40日龄以上的家兔呈急性死亡，而40日龄以下的兔不发病。兔瘟的发病面积大，任何药物都治疗无效。败血型巴氏杆菌则无明显的年龄限制，常呈地方性或散发流行，肝脏、脾脏、肾脏肿大不显著。呼吸器官、肠黏膜、心脏的出血点不及兔瘟明显。

【防治措施】 该病目前尚无特效药物治疗，关键在于接种兔瘟疫苗来进行预防。35～40日龄时首次免疫，皮下注射2毫升，60～65日龄二次免疫时，皮下注射1毫升，成年兔皮下注射2毫升兔瘟疫苗，即可有效预防该病发生。一旦有兔发病，立即隔离观察，并对全群紧急接种3～5倍量兔瘟疫苗，也能收到较好效果。

2. 兔巴氏杆菌病

兔巴氏杆菌病又称为兔出血性败血症，是家兔常见的一种具有多种临床症状、危害性比较大的疾病。

【病原及流行特点】 病原为多杀性巴氏杆菌。该病菌为球杆状或短杆状菌，革兰染色阴性。病原的抵抗力不强，在干燥空气中2～3天即可死亡，在60～70℃下10分钟即可杀灭。一般来说，该病可通过呼吸道、消化道、皮肤创口进行传播。病原菌通常寄生在家兔鼻腔黏膜和扁桃体内而成为带菌者，在各种应激因素如过分拥挤、通风不良、空气污浊、长途运输、气候突变等环境因素的刺激下发病。

【提示】

根据巴氏杆菌病原的流行特点可知，良好的兔舍环境和饲养管理可降低应激，减少疾病的发生率。

【临床症状】 该病可分为急性型、亚急性型和慢性型。

（1）急性型 发病急，病兔呈全身出血性败血症症状，往往未见任何征兆就突然死亡。

（2）亚急性型 主要病变在肺部，又称地方性流行性肺炎。病兔体温升高至41℃，精神沉郁，食欲不振或废绝，消瘦，多呈腹式呼吸。

（3）慢性型 依据侵害部位不同，常见的慢性型有传染性鼻炎、中耳炎、子宫内膜炎、生殖器炎症、脓肿等。

1）传染性鼻炎：传染性鼻炎在临床上最常见。病兔常打喷嚏，鼻孔流出浆液性或脓性分泌物。鼻子的不适导致病兔不时地用前爪抓面部，导致鼻孔周围被毛潮湿、缠结。在发病后期，病兔鼻孔会被堵塞，导致呼吸困难。

2）中耳炎：中耳炎又称为斜颈或歪头病。病兔的中耳流出奶油状的分泌物，待病原菌由中耳侵入内耳后，导致病兔头颈歪向一侧，或身体向一侧翻滚。在不影响采食和饮水的情况下，病兔可长期成活。若影响采食，则可能拖延数月后死亡。

3）结膜炎：结膜炎又称为烂眼症。病兔在抓挠面部的情况下，眼部感染，眼睑红肿，结膜潮红，有分泌物流出，严重者会导致死亡。

4）生殖器炎症：在配种时相互接触而传染，患病公兔一侧或双侧睾丸发炎，影响配种能力。

5）全身脓肿：全身各部位皮下都可能有脓肿，皮下脓肿开始时，皮肤红肿、硬结，随后全身脓肿。

【病理变化】

（1）急性型和亚急性型 急性型和亚急性型可见喉头、气管、肺等充血和出血，心脏、肝脏、脾脏、肠道黏膜也出现充血和出血现象。胸腔、心包积液，肺部有纤维性渗出物，淋巴结肿大、出血。

（2）慢性型 慢性型鼻炎可见鼻腔黏膜、鼻窦或鼻旁窦充血、水肿，中耳炎可见鼓室内有白色奶油状渗出物。结膜炎可见眼睑黏膜充血、出血，有黏液状或脓性分泌物，角膜浑浊。生殖器官炎症可见公兔睾丸脓肿；母兔子宫肿大，阴道有水样或脓性分泌物。

【诊断】 病兔精神萎靡、食欲不振或废绝，可根据不同病型的临床症状，结合实验室检测确诊。

【提示】

传染性鼻炎与普通感冒都有鼻腔分泌物的症状，但患传染性鼻炎的兔体温不升高，可长期迁延不愈，而患感冒的兔多有体温升高现象。无论是否用药，病兔多在1~2周内痊愈。

【防治措施】 定期将兔舍消毒，保持通风良好，控制饲养密度，及时清理患病兔。个体治疗时可用庆大霉素、青霉素、链霉素、恩诺沙星等进行3～5天的肌内注射，群体治疗时应用恩诺沙星拌料或饮水，连用几天。

3. 波氏杆菌病

本病的全称是支气管败血波氏杆菌病，以鼻炎和肺炎为主要特征，是家兔常见的呼吸道传染病。

【病原及流行特点】 波氏杆菌是革兰阴性菌，多呈球杆状，少数为长杆状或丝状，有鞭毛，能运动。波氏杆菌是呼吸道黏膜上的“常在菌”之一。在饲养密度大、气候突变、通风不畅等应激的情况下易诱发此病。

本病呈地方性流行，多发于冬、春两季。病兔或带菌兔的鼻腔分泌物里含有大量病菌，通过咳嗽、打喷嚏进行传播。

【临床症状】 按临床症状可分为鼻炎型、支气管肺炎型和败血型，以鼻炎型最为常见。临床常见鼻腔流出浆液性或脓性黏液分泌物，支气管肺炎型多呈散发状，后期呼吸困难，食欲不振，逐渐消瘦。不同年龄段的兔均可感染，仔兔、青年兔感染强毒株后可引发败血型肺炎，若不加治疗，死亡率很高，而妊娠后期母兔发病后会突然死亡。

【病理变化】 鼻炎型波氏杆菌病常见鼻腔黏膜充血，有大量浆液或黏液，支气管肺炎型不仅表现出鼻炎症状，还表现为支气管黏膜充血，肺脏可见脓疱，脓疱里充满脓性分泌物。有些病例在肝脏上可见散发的脓疱，内有脓汁。

【诊断】 根据临床症状、解剖特点和流行病学特点，结合实验室检测进行诊断。

【防治措施】 波氏杆菌为条件性致病菌，应加强饲养管理，保持环境干燥、通风，注意清扫和消毒。高发地区应注射波氏杆菌疫苗。发现病兔时，严重的应及时淘汰。对一般病兔，每千克体重肌内

注射2.2~4.4毫克/千克庆大霉素、5毫克/千克卡那霉素、40毫克/千克新霉素，每日治疗2次。

4. 魏氏梭菌病

魏氏梭菌病的学名叫“产气荚膜梭菌病”，是由产气荚膜梭菌引起的一种急性传染病，发病率和死亡率均较高，严重危害家兔健康。

【病原及流行特点】 本病的病原主要是A型魏氏梭菌，呈革兰阳性，有荚膜，产芽孢。本病一年四季均可发病，各个年龄都易感，1~3月龄多发。该菌系家兔肠道中的常在菌，气候突变、饲养管理不当、饲料中粗纤维含量过少、淀粉含量高、粉碎过细等都可以诱发病菌大量繁殖，诱发该病。

【临床症状】 急性病例突发急性腹泻，很快死亡。有的病兔精神不振，蜷缩在兔笼一角，腹部鼓胀，排水样、黑褐色、有特殊腥臭味的粪便，并污染后躯。轻拍腹部，有些出现“咣当咣当”的声音。在患病后期，双耳发凉，肢体无力。多数病兔在1~2天内死亡，少数在1周内死亡。

【病理变化】 剖开腹腔可闻到特殊的腥臭味，胃黏膜溃疡或脱落，小肠胀气，肠黏膜脱落，大肠有出血斑，盲肠浆膜和黏膜出血，膀胱积茶色尿液，心脏表面血管怒张，有树枝状充血，肝脏质脆。

【诊断】 根据临床症状、解剖特点，结合实验室检测进行诊断。

【防治措施】 加强饲养管理，搞好环境卫生，保持通风和干燥，定期对兔场进行消毒。注意饲料的营养水平，适当提高粗纤维的含量。在必要时注射魏氏梭菌灭活疫苗，能有效控制该病的发生。一旦发现本病，应及时隔离，严重的应及时淘汰。一般病兔可采用抗生素、磺胺进行治疗，投喂微生物制剂可进行群体预防。

5. 大肠杆菌病

兔大肠杆菌病是一种发病率、死亡率均很高的肠道传染病。

【病原及流行特点】 该病是由致病性大肠杆菌及其毒素引起的。病菌呈革兰阴性，有鞭毛、无芽孢。该病一年四季均可发生，主要侵害1~4月龄的家兔。家兔肠道中本身就有少量大肠杆菌，一般情况下不致病。在气候环境突变、兔场卫生条件差、饲料被污染等情况下会导致大量兔发病，并迅速在兔场蔓延。

【临床症状】 发病初期兔精神萎靡，食欲不振，发生腹泻，排出黄褐色糊状稀粪，待粪便排空后，排出胶冻状黏液。病兔四肢发冷，部分兔磨牙、腹部膨胀，轻拍有水声。患兔一般1~2天后死亡，病程长者7~8天死亡。

【病理变化】 病兔剖解后可见胃膨大、充气，胃黏膜上有针尖样出血点，十二指肠、空肠、回肠、盲肠水肿、有出血点，盲肠内容物呈水样并有少量气体，直肠充满胶冻状黏液。

【诊断】 根据临床症状、病理变化和流行病学特点可以初步诊断，只有通过细菌学检查方可确诊。

【提示】

注意区分大肠杆菌病和魏氏梭菌病。魏氏梭菌病的主要特点是排黑褐色的水样粪便，有特殊腥臭味，胃黏膜溃疡或脱落，盲肠浆膜充血。然而，大肠杆菌病的主要特点是拉水样粪便，有胶冻状黏液，有时腹泻与便秘交替出现。

【防治措施】 由于致病性大肠杆菌的血清型很多，无法完全保证使用疫苗的效果，因此需要加强饲料管理，加强兔场环境的调控。在气温变化、长途运输、空气湿度大等条件下，应在饲料中添加免疫增强剂，增强家兔的免疫力，预防疾病的发生。在家兔患病时，可按每公斤体重肌内注射庆大霉素5~7毫克，卡那霉素10~20毫克，盐酸环丙沙星5~8毫克，每天2次，连用2~3天。

6. 葡萄球菌病

葡萄球菌病是由金黄色葡萄球菌感染引发的一种致死性败血症或化脓性炎症的常见病和多发病。

【病原及流行特点】 该病的病原是金黄色葡萄球菌，呈革兰阳性，无芽孢和鞭毛。该病对外界的抵抗力很强，广泛存在于自然界，一般情况下不发病，当外界环境卫生不良、有尖锐物、笼底不平、撕咬或仔兔吃了患乳腺炎母兔的奶水时发病。根据感染部位的不同，又分为脚皮炎、乳腺炎、急性胃肠炎等，严重的可引起脓毒败血症。

【临床症状】

（1）脓肿 在家兔的体表、皮下或肌肉可形成一个或数个大小不一的脓肿，有明显包囊。最初质硬、红肿，后逐步变软，里面含有乳白色的脓汁。脓肿还可通过血液扩散，引起内脏器官产生化脓灶，发展成脓毒败血症，使兔迅速死亡。

（2）仔兔脓毒败血症 仔兔初生后一周左右在胸、腹、下颌、腿等部位出现粟粒大的脓疱，内含乳白色脓汁。仔兔得坏血病后迅速死亡，剖检时发现心脏和肺脏多有小脓疱。个别病例的皮肤脓疱可逐渐消失而痊愈，但生长缓慢。

（3）乳腺炎 产箱内有尖刺物、母兔乳汁过多而仔兔吃不完、母兔乳汁过少而被仔兔咬伤等原因，造成母兔乳房肿胀、发红，体温升高，食欲不振。触摸可发现母兔乳房皮下形成大小不一的坚硬结节，结节成熟后可排出脓汁。

（4）黄尿病 多因仔兔吃了患有乳腺炎母兔的奶，或通过其他途径感染金黄色葡萄球菌而引发。一般整窝发病，患兔的后肢和肛门周围被稀粪污染；排黄色尿液；肠黏膜充血、出血，小肠尤其严重；肠内有稀薄的内容物。病程2~3天，病兔死亡率高。

（5）脚皮炎 多发生在年龄、体重较大的家兔中。笼底部凹凸不平、有毛刺，笼底板铁丝过细等原因，易造成兔脚掌下的皮肤肿胀、脱毛、充血，继而化脓、破溃并形成久治不愈的易出血的溃疡。病兔小心换脚休息，不愿走动。个别病例全身性感染，死于败血症。

（6）生殖器官炎症 各种年龄的家兔都可患病，但母兔的发病率更高。发病母兔的阴户周围和阴道出现脓肿，脓肿处可挤出脓汁，有时会出现溃疡、出血，形成棕红色结痂。妊娠母兔患病后因此死亡。

【病理变化】 在皮下、肌肉、乳房、生殖器官、关节、心包、脚掌等体表和内脏部位可见大小不一、数量不等的脓肿、溃疡。

【诊断】 应根据周边环境、病兔体表的破损和脓肿情况，结合细菌学检查而确诊。

【防治措施】

（1）管理 应加强饲养管理，做好周围环境的日常卫生，防止产箱、兔笼、垫料等出现毛刺物，防止兔打斗。

（2）脓疱 在发病初期，可用抗生素进行治疗。待脓疱形成后，在成熟时划开皮肤，挤出脓汁，用1%～3%过氧化氢溶液、1%高锰酸钾溶液清洗患处，并撒上抗生素粉。

（3）乳腺炎 在乳腺炎发病初期用常规2～3倍的青霉素、庆大霉素或卡那霉素分多个点注射到乳房中，每天2次。若体表温度下降，则可进行按摩促进血液循环。乳腺炎一定要早发现早治疗，否则效果不佳。

（4）仔兔黄尿病 体质好的病兔注射青霉素，每天2次，但治疗效果较差。

（5）脚皮炎 可用消毒水清洗患处，去除坏死组织或脓汁后，撒消炎粉或涂抗菌软膏，然后用纱布包扎。在生产中尽量提供好的生产环境，预防脚皮炎的发生。一旦发病，应及时淘汰病兔。

7. 皮肤真菌病（脱毛癣）

皮肤真菌病是一种由皮肤癣真菌引起的皮肤局部脱毛、结痂或溃疡的传染病。该病防控难度较大，严重威胁仔、幼兔的生长发育和兔场的生产安全。

【病原及流行特点】 本病的病原是以须毛癣菌或小孢子菌为主的真菌孢子。病菌可通过污染的土壤、饲料、饮水、脱落的被毛、运输工具和饲养人员等直接或间接传播。本病一年四季均可发病，在春、秋季换毛季节发病率高，其中仔、幼兔的发病率最高，仔、幼兔比成年兔易感。

【临床症状】 病初多发生在嘴周围、鼻端、眼圈和耳朵等皮肤，继而感染背部、腹部和四肢等部位，患病部位出现不规则圆形、椭圆形的秃毛斑，皮肤呈浅红色，表面有灰白色糠麸状的痂皮，有皮屑。病兔瘙痒不安，导致仔、幼兔生长缓慢，严重影响饲料转化率。该病不仅在家兔中传播，还会使人感染。

【病理变化】 皮肤真菌病主要存在于皮肤角质层，病变部位发炎，形成痂皮，刮掉痂皮会露出红色肉芽或出血，有粟粒状突起，有皮屑，脱毛。

【诊断】 根据流行病学和临床症状进行初步诊断，通过真菌的分离、培养、鉴定后可确诊。

【提示】

注意区分兔皮肤真菌病和疥螨病。疥螨病多发生在鼻镜部、耳郭边缘和四肢端部，结痂明显；用手拉患处的毛，不易脱落；在显微镜下检测，能看到螨虫。用显微镜镜检，可发现真菌孢子和菌丝。事实上，真菌病与螨病经常出现混合感染的情况。

【防治措施】 该病重在预防。应该加强兔场的管理，严禁无关人员参观兔场；严禁引入患皮肤真菌病的兔；应定期对兔场进行消毒；及时淘汰零星患病兔。在治疗时，将出生24小时内的仔兔用克霉唑溶液进行涂抹，同时对母兔腹部进行局部擦抹；也可在饲料中添加灰黄霉素和制霉菌素进行治疗。

【注意】

本病可传染人，要注意人员的防护。

8. 沙门菌病

沙门菌病又称兔副伤寒病，是以败血症、腹泻、急性死亡等为特征的传染病。

【病原及流行特点】 该病由鼠伤寒沙门菌和肠炎沙门菌引发。鼠伤寒沙门菌和肠炎沙门菌均为革兰阴性，有鞭毛，不形成芽孢。该病菌广泛存在于自然界，常寄生于消化道，为条件性致病菌。被污染的饲料、饮水、用具、饲养人员等都能传播该病。气温变化、饲养管理发生改变、拥挤等都可能成为诱发因素，导致该病的发生。

【临床症状】 该病的潜伏期为3~5天，主要表现为下痢、流产。幼兔精神萎靡，体温升高，食欲减退或废绝，腹泻，排出有泡沫的黏液性粪便，个别患兔突然死亡。患本病的母兔常从阴道流出脓样黏性分泌物，不易受胎。

【病理变化】 急性发作的患兔呈败血症病理变化，内脏器官充血，肠黏膜充血、水肿，在胸腔或腹腔内出现浆液性和纤维素性渗出物。有些肠系膜淋巴结肿胀，或有灰白色结节。肝脏出现弥漫性针尖大小的坏死灶，脾脏肿大。母兔子宫肿大，有化脓性子宫炎，黏膜覆盖一层浅黄色污秽物。怀孕母兔流产，未流产的胎儿发育不全，或出现死胎、木乃伊胎。

【提示】

注意区分沙门菌病和大肠杆菌病。沙门菌病引起仔、幼兔泡沫状粪便，母兔流产，盲肠和圆小囊有粟粒大灰白色结节，而大肠杆菌病主要特征为胶冻状粪便。

【诊断】 根据临床症状、病理变化和流行病学检查做出初步判断，通过细菌学检查确诊。

【防治措施】 保持兔场环境清洁，做好日常消毒工作，做好防鼠、防蚊蝇等工作。一旦发现病兔应及时隔离治疗，并做好消毒工作。对病兔可用庆大霉素肌内注射2万~4万单位，每天2次，连用3天；或每千克体重肌内注射10~20毫克卡那霉素，每天2次，连用3天；或每千克体重口服0.5克磺胺二甲嘧啶，每天2次，连用

2天。

9. 轮状病毒感染

本病是由轮状病毒引起，以仔、幼兔腹泻为特征的急性肠道传染病。

【病原及流行特点】 本病的病原是轮状病毒。本病发生没有季节性，但晚秋至早春寒冷季节发病率高。本病通过消化道进行传播，主要发生于2~6周龄仔、幼兔，其中4~6周龄最易感，发病率和死亡率均较高。青年兔和成年兔呈阴性感染，带毒但不发病。本病毒在兔场里长期存在，一旦气候剧变、饲养管理不当、卫生状况差，兔群就会发病。新疫区兔群常呈爆发性发病，死亡率高。在地方流行的兔群中，往往发病率高，死亡率低。

【临床症状】 本病的潜伏期为18~96小时。患兔精神萎靡，食欲不振或废绝，昏睡；腹泻，粪便呈棕红色、灰白色或浅绿色，含有黏液或血液。兔的会阴或后肢被毛部位常被稀粪污染。多数病兔于发病后2~4天脱水死亡，只有少数康复。青年兔或成年兔常不显症状，仅有少量病兔食欲不振或排软粪。

【病理变化】 小肠肠壁充血或出血，肠绒毛萎缩，肠黏膜脱落。盲肠扩张，内充满大量液体内容物，结肠瘀血。

【提示】

注意区分兔轮状病毒病和大肠杆菌病，二者均会引起水样腹泻，但大肠杆菌病带有胶冻状分泌物。

【诊断】 结合临床症状、发病年龄进行初步判断，确诊需通过病毒分离或通过电镜观察病毒，也可检测血清中的中和抗体和粪便中的病毒抗原。

【防治措施】 目前没有预防本病的疫苗，要加强仔、幼兔的饲养管理，注意保温，防止出现免疫力降低的情况，做好兔场的清洁和消毒。一旦发现本病，应立即隔离，全面消毒；将病死兔、排泄物、污染物一律深埋或焚烧处理；立即停止喂奶和喂水 24 小时，改用电解多维、微生物制剂，用庆大霉素、丁胺卡那霉素（阿米卡星）、青霉素、链霉素等控制继发感染。

二、寄生虫病

1. 兔球虫病

兔球虫病是寄生在家兔肠道或肝脏中的寄生原虫病，是家兔最常见、危害性最大的寄生虫病。

【病原及流行特点】 本病病原是 11 种艾美耳科艾美耳属球虫。本病全年都可发生，在气候突变、潮湿的季节会造成本病流行。断奶至 5 月龄的兔最易发病，死亡率可达 80% 以上。成年兔带虫，但一般不发病。

【临床症状】 本病根据寄生部位分为“肠球虫”“肝球虫”和“混合球虫”（同时含有“肠球虫”和“肝球虫”）3 种类型。

（1）肠球虫 肠球虫寄生在肠道上皮细胞内，多发生在 20～60 日龄的仔、幼兔，多表现为急性。急性型肠球虫病由于病程很短，在没有征兆的情况下，仔、幼兔突然尖叫、挣扎死亡，病尸呈“角弓反张”状态。

（2）肝球虫 患肝球虫病的家兔表现为厌食、肝脏肿大、腹部膨胀，腹泻或便秘，口腔、眼结膜轻度黄疸。除严重感染者，家兔很少死亡。

（3）混合球虫 病兔食欲降低、消瘦、贫血、结膜苍白，有时黄染。病兔排出水样、混有黏液粪便，尿频或常呈排尿姿势，有些出现痉挛或麻痹，一般经 3～5 天死亡。

【病理变化】 解剖可见急性型患兔肠道严重充血、出血，小肠内充满气体和大量黏液；普通型病兔肠黏膜上有黄白色结节和点状化脓灶，有时能见坏死灶；肝球虫病兔可见肝脏肿大，肝脏上可见白色或浅黄色粟粒状的结节。

【诊断】 根据临床症状、病理变化和兔尸的形状进行初步判断。最常见的方法是通过显微镜直接观察卵囊，也可采用直接涂片和饱和食盐水法进行观察。

直接涂片法：滴一滴50%甘油水溶液于载玻片上，取少量粪便，清除粪渣，涂匀，盖上盖玻片，在低倍显微镜（10倍物镜）下检查。

饱和盐水漂浮法：取5～10克新鲜兔粪置于烧杯中，倒入少量饱和盐水捣烂，再加50毫升饱和生理盐水，充分搅拌后用双层纱布过滤，将滤液静置15～30分钟，球虫卵囊即浮在表面。用玻璃棒蘸取少许滤液放在载玻片上，进行镜检。

【提示】

注意区分大肠杆菌病和球虫病。球虫病的主要特点是小肠出血，盲肠、蚓突有灰白色坏死病灶，在粪便中可检查出球虫卵囊。然而，大肠杆菌病的主要特征是拉水样粪便，有胶冻状黏液，有时腹泻与便秘会交替出现。

【防治措施】 要加强兔场饲养管理，加强消毒，及时清理粪便。目前主要依靠氯苯胍、盐霉素、地克珠利等抗球虫药物进行预防。具体用量为：每千克饲料中添加1毫克地克珠利拌料；在饲料中添加0.03%氯苯胍，或每千克体重口服10毫克氯苯胍；每千克饲料添加50毫克盐霉素。

【提示】

球虫药有耐药性，应注意交替用药。大部分球虫药都有休药期，应参照药品的休药期进行合理用药。

2. 兔螨病

兔螨病又称疥癣病或疥螨病，是由寄生在家兔皮肤上的螨虫引起的一种常见的、多发的、对兔产业危害较大的皮肤寄生虫病。

该病以皮肤剧痒、发炎、形成痂皮、脱毛和消瘦为主要特征，严重时可导致兔子死亡。

【病原及流行特点】 兔螨病的病原分为痒螨和疥螨两类。痒螨只寄生在兔子的耳道，疥螨则寄生在兔子体表皮下引发体癣病。若兔子患病后不及时进行治疗，螨虫四处爬行，将导致整个兔群被感染。该病没有季节性，但多发于秋冬和早春。任何年龄的家兔都可感染该病，但幼兔比成年兔易感。

【临床症状】

兔痒螨主要寄生在外耳道，引起外耳道炎，耳道里有大量炎性渗出物，渗出物干燥后形成硬痂，有的会引起化脓，可发展到中耳和内耳，出现神经症状，甚至引起死亡。

兔疥螨主要寄生在兔掌面、耳根、嘴唇、眼周围等无毛或毛浅的地方，使皮肤发炎，发生疱疹、结痂、脱毛等，造成病兔代谢紊乱，引起消瘦、贫血，甚至死亡。疥螨病结痂后，脚爪似石灰脚。

【病理变化】 患痒螨的兔耳根红肿、出血，形成黄色痂皮，严重者听觉不灵或耳朵缺损。兔疥螨会出现红肿、炎性浸润，形成结节，皮肤增厚变硬，出现龟裂，角化亢进。

【诊断】 用刀片轻轻刮取痂皮或分泌物，在显微镜下观察螨虫。

【防治措施】 螨虫在兔场环境中广泛分布，难以实现“净化”。保持兔舍环境干燥、卫生，用10%～20%石灰水、0.05%敌百虫等杀螨剂进行交替消毒。一旦发病，可用伊维菌素或阿维菌素，通过口服或注射进行治疗。

【提示】

由于治疗螨虫的药物对虫卵不起作用或作用弱，在预防或治疗时，每次应间隔7～10天，重复用药2～3次，以杀死新孵化出的虫卵。

3. 兔豆状囊尾蚴

兔豆状囊尾蚴是由豆状带绦虫的中绦期——豆状囊尾蚴寄生在兔

的肝脏、肠系膜和网膜内所引起的一种疾病。

【病原及流行特点】 本病的病原为豆状囊尾蚴。豆状带绦虫寄生在犬、猫、狐等动物的小肠内，成熟的孕卵节片随粪便排出，污染食物、饮水和周边环境。兔被感染后，虫卵在消化道孵出六钩蚴，六钩蚴钻入肠壁，随血液到达肝脏，最后到达大网膜，在肝脏、肠系膜、大网膜等部位发育成豆状囊尾蚴。该病易在饲养猫、狗的养殖场流行。

【临床症状】 轻度感染的家兔没有明显症状，大量感染时症状明显，表现为精神不振，被毛粗糙，食欲不振，消瘦，可视黏膜苍白，贫血，腹胀，消化不良，粪便小而硬。严重者出现黄疸，甚至衰竭死亡。

【病理变化】 肝脏表面、胃壁、肠道、腹壁等处的浆膜上分布数量不一、大小不等的豆状囊尾蚴，呈水泡状。

【诊断】 解剖时发现豆状囊尾蚴即可确诊。

【防治措施】 兔场内禁止饲养猫、狗，或对猫、狗定期驱虫，严禁将兔尸投喂猫、狗。对患有豆状囊尾蚴的病兔，可投喂吡喹酮100毫克/千克体重，24小时后再喂1次；或用每千克体重5毫克吡喹酮，拌料喂服，进行群体驱虫。

三、普通病

1. 便秘

便秘多因肠内容物变干、变硬，致使兔排粪困难，是幼兔常见的消化道疾病。

【病因】 该病主要因日粮中精饲料过多，粗纤维含量过低，饮水变少，饲料中泥沙含量多，食入兔毛，环境突变或运动不足等导致肠蠕动变弱、肠内容物变干，使排粪变得困难而导致便秘。

【临床症状】 病兔食欲不振或废绝，喜卧，逐渐消瘦，开始时排粪量明显减少，粪球表面粗糙、无光泽，变硬、变小、变尖，直至无粪排出。病兔精神不振，腹部胀大，常卧伏在兔笼一角，病情严重时呼吸困难，生命衰竭而亡。

【防治措施】 该病与饲料营养水平、饲养管理不当直接相关，治疗效果极差，所以要注意饲料中营养水平，防止泥沙混入，还要加强饲养管理。一旦发现病兔，轻症者可适当饲喂人工盐 2～5 克，重症者可饲喂 5～10 克硫酸钠，或灌服液状石蜡或食用油 10～20 毫升。

2. 中暑

中暑是由于家兔受到强日光照射，或者在高温环境下引起的一种代谢严重失调的综合症。

【病因】 烈日曝晒、高温环境，导致家兔体表散热慢，发生中暑。该病主要发生在炎热的夏天，在露天、半封闭式笼内饲养的家兔，或降温措施不力的封闭兔舍内的家兔，均可发病。兔舍潮湿、通风不良、饲养密度大等情况下遇到高温天气，易导致家兔中暑。妊娠母兔发病率更高。

【临床症状】 家兔中暑后，精神萎靡，体表温度升高，呼吸加快，食欲减退或废绝。严重者可视黏膜潮红，口鼻呈青紫色，呼吸高度困难，出现神经症状，兴奋不安，四肢痉挛性抽搐，或兴奋不安后虚脱昏迷致死。

【防治措施】 在夏季高温季节，应启用降温措施，提高舍内空气流速，防止日光曝晒，尽量避免长途运输，在饮水中加入“十滴水”或 0.2% 碳酸氢钠以调节体内酸碱平衡。一旦兔中暑，应立即将兔移到通风阴凉处，用湿毛巾或冰块冷敷头部，口服仁丹 3～5 粒，或在饮水中加入“十滴水”3～5 毫升进行治疗。

3. 毛球病

毛球病是兔大量误食自身或其他兔被毛引发的一种肠道疾病。

【病因】 饲料中长期缺乏半胱氨酸、胱氨酸、蛋氨酸等含硫氨基酸，易诱发兔的食毛癖；在换毛季节家兔误食散落在兔笼的兔毛；母兔产仔前拉毛，出产箱时将兔毛带出，被母兔误食。

【临床症状】 病兔精神不振，食欲减退或废绝，好饮，腹部胀大，粪便干结，内含兔毛。触诊时可发现胃部有硬团状物，解剖腹部可见较大的毛团。

【防治措施】 注意饲料中的营养水平，保持营养均衡；加强饲养管理，及时清扫兔舍散落的兔毛；减少饲养密度，防止过分拥挤；减少环境中的应激因素。一旦兔患毛球病，早期一次性内服植物油20~30毫升，或人工盐3~5克灌服，并投喂粗纤维含量高的饲料，加强肠道蠕动，促使毛球排出。

4. 兔感冒

感冒又称“伤风”，是家兔的一种常见病，是急性上呼吸道感染的总称，若治疗不及时，很容易继发支气管炎和肺炎。

【病因】 感冒常发生于早春、晚秋等温差大的季节。在气候突变、舍内潮湿、通风不良、过度通风、日夜温差大等情况下，若家兔体质变差，易导致免疫力下降，使鼻腔黏膜发炎而引起感冒。

【临床症状】 感冒是由寒冷刺激引起的，常见症状有：体温升高，鼻塞，流鼻涕，咳嗽，打喷嚏，眼无神，呼吸困难，食欲减少或废绝。

【防治措施】 在寒冷或气候骤变的季节，应加强防寒保暖工作。可在饲料中添加电解多维、葡萄糖、微生物制剂等增强免疫力，减少发病。对发病的家兔，可用复方氨基比林注射液、庆大霉素、安乃近、柴胡注射液等进行肌内注射。若是流行性感冒，应及时将患兔隔离治疗。

5. 霉菌毒素中毒

霉菌毒素中毒是指家兔采食了发霉的饲料而引起的中毒性疾病，是目前对家兔危害比较大的一种疾病。

【病因】 在自然环境中，有许多霉菌（镰刀菌、黄曲霉菌、赤霉菌、白霉菌、棕霉菌、黑霉菌等）会产生大量毒素，其中黄曲霉毒素的危害最大。在饲料水分含量高、空气湿度大的情况下，均可使霉菌大量繁殖，产生毒素。家兔采食含毒素的饲料后就会发生中毒。该病没有季节和地区限制，但在饲料原料采收期间连续下雨或南方梅雨季节发病率高。该病常呈急性发作，其中幼龄兔和老龄体弱兔发病死亡率高。

【临床症状】 患兔精神沉郁，食欲减退或废绝，出现便秘或拉稀，粪便中带有黏液或血液。病兔可视黏膜黄染，口唇发紫，流涎，心脏、肝脏、肾脏、脾脏、肺脏有出血点，胃肠道有出血性坏死性炎症，胃与小肠充血、出血，肠道充气，肠黏膜易脱落。后期会出现神经症状，后肢软瘫，全身麻痹死亡。

【防治措施】 在采收季节防止饲料发霉，保证饲料原料的安全性；注意饲料的贮存，采用先进先出制度；及时清理食盒中残留的饲料，防止饲料发霉。

目前对本病尚无特效疗法，一般仍以对症治疗为主，可用0.1%高锰酸钾溶液或50~100毫升2%碳酸氢钠溶液灌服洗胃，然后灌服5%硫酸钠溶液50毫升或稀糖水50毫升，外加2毫升维生素C，也可试用制霉菌素、两性霉素B等抗真菌药物治疗。用50毫升10%葡萄糖加2毫升维生素C静脉注射，每天1~2次，或70毫克氯化胆碱、5毫克维生素B_2、10毫克维生素C一次口服均有一定疗效。

6. 妊娠毒血症

母兔妊娠毒血症是发生在母兔妊娠后期由于营养负平衡所造成的一种代谢性疾病。

【病因】 本病的病因主要为饲料营养失调，妊娠后期母兔对营养物质的需要量增加，而采食的营养物质达不到要求。兔群拥挤、运动过少、通风不良和环境恶劣等均可导致内分泌机能异常而诱发本病。夏季高温时，过肥的母兔更易患本病。

【临床症状】 病兔蜷缩在兔笼中，精神萎靡，拒食；运动失调，反应迟钝；呼吸困难，尿量少，并带有酮味（即烂苹果味）；突然出现惊厥和昏迷，直至死亡。解剖可见肺脏出血，心肌松软、坏死，肝脏质脆，肾脏水肿、出血。化验可见血液中非蛋白氮含量升高，血钙减少，血磷增多。

【防治措施】 加强饲养管理，保持通风良好；提高饲料中的营养水平，尤其在炎热的夏季，设法提高母兔的采食量。若发生本病，内服或静脉注射葡萄糖、地塞米松等。若治疗效果不明显，可采用人工流产的方法来救治母兔。

第八章
致力产品研发，向加工要效益

第一节　与兔产品有关的误区

一、兔肉不安全

民间流传一种孕妇吃兔肉会使所生的小孩“豁唇”的说法，使很多人对兔肉避而远之。事实上，引起小孩“豁唇”的原因多种多样，但与兔肉毫无关联，这是一种非常不科学的说法。因此，应该加强宣传，使民众摒弃不切实际的错误看法，正确认识兔产品和兔肉。

二、兔肉烹饪方法单调

我国传统消费兔肉的地方是四川、重庆、广东和福建，其他地方兔肉的消费量很小。有不少人认为兔肉的烹调方法就是麻和辣，用当地的烹调方法很难做出美味。事实上，兔肉的烹调方法多种多样，如烤、卤、腌腊、红烧等很多地方常用的烹调方法同样适用于兔肉。目前，很多以前很少消费兔肉的地区（如山西、陕西、河南、河北等省）的兔肉消费量逐渐增加，兔肉烹调的方法也在不断创新。

三、兔肉市场难以打开

兔肉市场难以打开的主要原因在于人们对兔肉营养价值和优良特性缺乏认识。目前，我国兔产业发展的瓶颈是消费市场过于集中，导致全国的兔肉基本上销往四川、重庆或广东，交易环节的高成本削弱了养殖户的利润空间，也给经销地养殖场、养殖户带来了巨大的压力。兔肉的营养价值很高，是人们膳食结构调整中优先发展的肉类，但很多人却鲜有了解。为了提高兔肉的市场接收度，我国将每年公历6月6日确定为“兔肉节”，在全国各地巡回举办。每年的“兔肉节”都邀请社会各界人士参加，邀请当地权威媒体进行现场跟踪和全面报道，加大对兔肉消费的宣传力度，力争在全国各地形成兔肉消费的热潮，依托消费带动生产。

第二节　兔肉加工现状和发展方向

一、兔肉的特点

随着经济的发展、人口的增长以及人们对食品营养和食品安全的认识提高，兔肉产品越来越受到世界各国消费者的关注。《本草纲目》记载，兔肉性寒，凉血解热，利大肠。古诗赞誉其“飞禽莫如鸪，走兽莫如兔”。现代科学证明，兔肉具有高蛋白、高赖氨酸、高消化率、低脂肪、低胆固醇、低热量的“三高三低”特点，是预防高血压、肥胖症、冠心病、动脉硬化等疾病的理想食品。兔肉在国外有“芙蓉肉”之称，在我国有“美容肉”“保健肉”“益智肉”之称。兔肉在中国是一种发展潜力较大的新型优质肉类。

二、兔肉加工现状

目前，世界兔肉年总产量近230万吨，亚洲、欧洲是兔肉生产重点地区。我国是世界兔肉生产和消费大国，兔肉产量由1985年的5.6万吨上升到2018年的95万吨，年产兔肉占世界兔肉总产量的35%~40%。

随着人民生活水平的提高和环境保护意识的增强，目前人们对兔肉的需求不仅表现在数量、品种和口感上，同时表现在内在质量上，要求兔肉要鲜嫩多汁，规格一致，药物残留少，适合深加工和熟制生产。

目前，美国和欧洲各国的超市上常见到的兔肉火腿和兔肉香肠等肉制品，几乎都属于低温冷藏的低温肉制品。除此以外，卤制、烟熏、煎炸等也是兔肉的主要加工方式。

我国兔肉销售以冷冻兔肉为主，虽然兔肉产品种类较多，但是大部分都是初级加工产品和传统兔肉制品，加工方式单调，深加工产品较少。目前，我国兔肉熟食品深加工量只有4000余吨/年，加工量不足兔肉总产量的1%。90%的肉兔主要以鲜活兔的形式进入市场，依靠家庭、餐饮消费。

兔肉产品大致分为：兔肉冷冻制品，包括分割兔肉、带骨兔肉；兔肉干制品，包括兔肉干、兔肉松、兔肉脯；兔肉酱卤制品，包括冷吃兔（彩图18）、甜皮兔、五香卤兔、酱麻辣兔、盐水兔肉、金丝兔肉、板栗兔肉等；兔肉腌腊制品，包括缠丝兔、板兔；西式兔肉制品，包括兔肉火腿、兔肉香肠等。各地传统兔肉制品有的已形成品牌，如河北张家口怀安县的“柴沟堡熏兔”，四川广汉的“缠丝兔”，重庆阿兴记食品股份有限公司的“嘟嘟兔”休闲兔肉食品等。

三、兔肉加工的发展方向

我国肉兔产业的发展关键是开展兔肉产品的加工，开发研制人们方便食用的兔肉新产品，引进先进实用的高新技术和加工机械设备，加大兔肉的深加工和综合利用。目前，冷却兔肉是兔肉消费的方向，冷却肉吸收了“热鲜肉”和“冷冻肉”的优点，新鲜、肉嫩、味美、营养、卫生、安全，被认为是兔肉科学与高品质的发展方向。我国兔肉制品的发展要将传统技艺与现代化加工技术结合起来，将作坊生产改为工厂化、标准化生产，改进工艺，增加产品形式，开发地方菜肴产品，提高质量，实行现代化加工包装，以满足不同层次、不同人群对兔肉制品的需要。

第三节 做好兔的屠宰加工

一、掌握兔的屠宰工艺

为了保证获得安全、健康和优质的兔肉制品，提高生产效益，兔的屠宰工艺流程非常关键。兔的屠宰工艺分为屠宰前准备、选择致死方式、胴体分割、副产品处理等环节，具体的屠宰工艺流程为：宰前禁食→宰前饮水→宰前检疫→致死→去皮→剖腹取内脏→屠体修整、胴体分割→兔副产品的处理→宰后检验、冷藏。

二、做好屠宰前的准备

1. 宰前合理禁食

禁食可以减少消化道中的内容物，便于宰后内脏处理，减少加工中污染肉质的可能；禁食有助于体内的高级脂肪酸和硬脂肪分解为可溶性低级脂肪酸，并均匀分布于肌肉，使肉质肥嫩、增加风味；禁食还可以节省饲料，降低成本，保证兔在宰前充分休息，有助于屠宰放血。由于兔子胆怯，较其他家畜的应激反应更强，一般屠宰的兔子宰前应禁食 12 ~24 小时。

禁食期间，应供应充足的饮水，保证兔子在宰前的正常生理活动，促进粪便排出，放血完全。同时，足量饮水有利于剥去兔皮，提高屠宰率。宰前 2 ~4 小时停止供水，避免倒挂放血时胃内容物从食道流出。

2. 宰前检疫

兔子在屠宰前应进行严格的健康检查，按照家兔的“三项指标”测定体温、呼吸和脉搏。屠宰的兔子必须是来自非疫区的无公害兔子，膘情良好，发育良好，皮毛光泽，无脱毛，无污染（图 8-1、图 8-2）。

图 8-1　健康兔

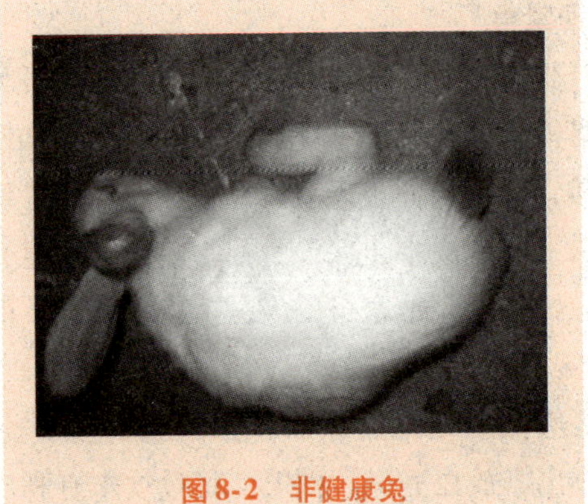

图 8-2　非健康兔

3. 屠宰场地准备

以《无公害食品：兔肉》行业标准为依据，准备生产加工车间（彩图 19），保持车间整洁、卫生，对环境和各类加工器具进行清洗消毒。

三、选择兔的致死方式

兔的致死方式大致分为以下几种：电击晕法、棒击打法、颈部位移法、放血法和二氧化碳气体致死法。根据企业的规模和机械化程

度，不同企业选择不同的屠宰方式。下面重点介绍几种常用的方法。

1. 电击晕法

电击晕法是目前广泛使用的一种致昏方法。电击晕处理时，电流通过动物脑部使动物产生癫痫状态并昏厥，从而达到放血良好和操作安全的效果。但电击晕也会对肉质产生不良的影响，过高的电压会降低兔肉嫩度，蒸煮损失率和滴水损失率均显著增加。实验表明，90伏电压为兔适宜击晕电压。

2. 放血法

放血法是致死畜禽较为传统的一种方法。一般是将兔子倒置挂在金属挂钩上，或者用绳索系上后肢吊起来，然后用锋利的刀直接插入颈部，切断颈部动脉和气管进行放血致死。放血时间为 3～4 分钟，放血时要尽量防止血乱溅，造成污染。

3. 二氧化碳气体致死法

采用此法可以致晕和致死一批兔子，效率高。通常是将室内空气中二氧化碳浓度提高到60%～70%，致使兔子缺氧窒息而昏厥。

四、做好兔的胴体分割

1. 剥皮

兔子剥皮通常采用手工剥皮或半机械化剥皮。将放血后的兔子倒挂，从倒挂的那只后腿开始，插入刀尖，挑开毛皮，然后顺着后腿往下用刀将皮毛与肉分割开，然后双手拉住皮毛往下拉，脱出前腿，一直到头部，最终脱下整只皮毛。剥下的鲜兔皮应立即清理油脂、肉屑和筋腱等，然后从眼腹部中线剖开，晾晒干之后可以进行冷藏或销售。

2. 剖腹净膛

兔经过宰杀剥皮后应该进行剖腹去内脏处理，先用刀切开趾骨联合处，然后沿腹部中线打开腹腔，取出所有内脏器官，并进行宰后检验。

3. 屠体修整

按照商品的要求，为了使其达到清洁、完整和美观的目的，将宰后检验合格的屠体进行修整，除去体内残余的内脏、血管和气管等，除去体表面的血渍和皮毛，用水冲洗，沥干冷却（图 8-3）。

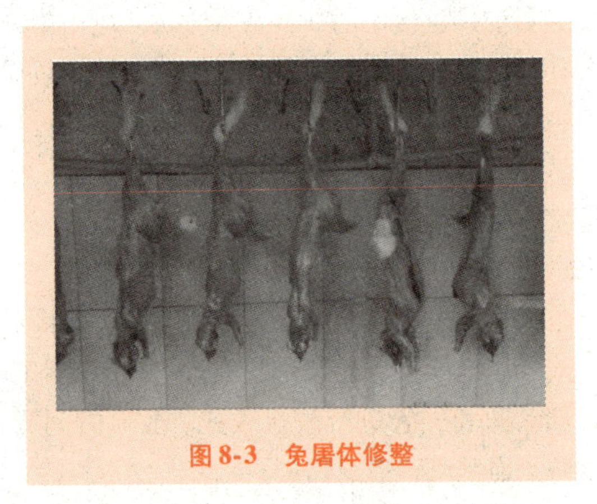
图 8-3 兔屠体修整

4. 胴体分割

根据商品兔肉的要求，对经过剥皮、剖腹净膛、宰后检验和屠体整修的兔胴体进行分割。胴体背部最长肌肉、前腿肉、后腿肉和腹部肌肉的分割要求如下。

背部最长肌肉，自第 10 肋骨与第 11 肋骨间向后至腰荐处切断，沿脊椎骨左右各自两条，如图 8-4 所示。

图 8-4 背部最长肌肉

前腿肉，自第10肋骨与第11肋骨间切断，沿脊椎骨劈成两半，去除脊骨、胸骨和颈骨，如图8-5所示。

图8-5　前腿肉

后腿肉，自腰荐骨向后，沿荐椎中线劈成两半，去除腿骨，如图8-6所示。

图8-6　后腿肉

腹部肌肉，自第10肋骨与第11肋骨末端一直到后腿腰荐骨处的背内侧腹部肌肉，此处肌肉较薄，左右各1片，无骨。

五、做好兔的副产物处理

兔子的血、心、肝、胃和肠等经过清洗和适当的处理后，不但可以食用，还可以提取药用成分用于制药。宰杀时，对兔血进行收集，备用。摘出的兔子内脏，应立即进行整理加工，不得存积。兔心需要去除心脏周围的脂肪，收集在专门的容器中。分离出的胃肠，应清除内容物，然后清洗收集。

第四节 做好兔肉加工

一、掌握腌腊兔肉制品加工技术

腌腊肉制品是指畜禽原料肉加盐（或盐卤）和香辛料后进行腌制，并在适宜的温度条件下经过风干或烘干等工艺最终形成独特的腌腊风味制品，现泛指原料肉经预处理、腌制、脱水、保藏成熟而成的肉制品。腌腊肉制品的特点主要有肉质细致紧密、色泽红白分明、滋味咸鲜可口、风味独特、便于携运、耐贮藏且品种繁多等。在我国，腌腊肉制品种类较多，代表性产品如金华火腿、南京板鸭、板兔（彩图20）、四川腊肉、广东腊肠等，都具有悠久的历史和灿烂的文化，是我国饮食文化遗产重要的组成部分。

腌腊兔肉制品在我国已有悠久的历史，且种类繁多。这类制品的加工方法简单，设备投资少，成本低，有典型的腌腊风味，且货架期长，深受消费者喜爱。在我国，腌腊兔肉制品以缠丝兔、板兔、腊兔最为常见。

1. 缠丝兔

缠丝兔是四川传统特产，以广汉所产的缠丝兔最为驰名，是我国南方地区具有独特风味的兔肉加工食品。

（1）加工配方 白条兔100千克，食盐4千克，硝酸钠0.01千克，白糖1千克，酱油3千克，白酒1千克，鸡精0.3千克，芝麻油1千克，甜酱0.5千克，五香粉0.3千克，鲜辣粉0.3千克，生姜1千克，葱0.5千克。

（2）工艺流程 原料兔肉验收→原料预处理→配料→腌制→翻缸→出缸→晾挂→缠丝→风干→成品。

（3）操作方法 将检验合格的白条兔洗净，然后进行腌制。腌制可用干腌法也可用湿腌法。干腌法的腌制材料由食盐、硝酸盐、五香粉等研磨混匀配制而成。装缸时每装缸一层兔肉，撒一层腌制混合材料，撒盐时尽量均匀，封盖腌制。在干腌过程中，每隔 4 小时翻缸 1 次，翻缸时上、下层肉品依次翻装。干腌一般腌制 2 天左右即可。湿腌法腌制液由食盐、酱油、料酒、白糖、姜粒、五香粉，加沸水溶解再经冷却后配制而成。将兔肉放入缸中，倒入腌制液，腌制 12 ~ 24 小时即可出缸。出缸后晾挂 3 ~5 小时，沥干。

缠丝分为密缠、中缠、疏缠 3 种，其中以密缠为最佳。密缠时，丝间距离宽度约为 10 厘米，每只兔需用麻绳 3 ~4 米，从兔头部开始缠起，直至前夹、颈部、后腿。同时进行造型，将胸部、腹部包裹紧，前肢塞入前腔内，后肢拉直。缠丝造型时，要求将兔体缠紧、扎实，横放时形似卧蚕，故缠丝兔又名“蚕丝兔”。

风干方式分冬季自然风干和人工控温、控湿四季加工风干两种。其中自然风干为室外风干，一般需 3 ~4 天，再转室内晾挂 2 ~3 天，一共晾挂 7 天即为成品。人工控温、控湿四季加工风干可根据实际条件进行不同设置。

缠丝兔有生制品和熟制品两种。生制品：取出烘干的缠丝兔，解掉紧缠的麻绳，做全面的卫生和质量检查，合格的进行产品整形修剪，装入无毒塑料袋，真空封口，逐只称重，包装出厂。熟制品：将烘干的缠丝兔直接下锅卤制或上笼清蒸，待稍冷却不烫手时再去掉麻绳，经卫生和质量检查合格后，趁热在兔体表刷一层香油，最后分级出厂上市。

2. 腊兔

腊兔生产在我国历史悠久，其肉嫩味美，腊味十足，具有代表性的有川味腊兔、香辣腊兔、扬州腊兔、晋风腊兔等。这些产品的加工工艺大致相同，都具有腌腊制品共有的特点。

（1）加工配方 白条兔100千克，食盐4千克，花椒0.2千克，硝酸钠0.015千克，黄酒2千克，白糖3千克，酱油2千克。

（2）工艺流程 原料肉验收→腌制配料→腌制→整形→风干发酵→烘干烟熏→包装→杀菌→成品。

（3）操作方法 将检验合格的白条兔清净备用。按照配方配制腌制液，然后腌制12～18小时，中间翻缸1次。出缸后，修去筋膜等杂物，然后切开肋骨4～5根至颈部，腹部朝上，将前腿扭转到背部，按平背部和腿部，撑开，呈平板形，再用竹条固定形状。将兔坯悬挂在通风干燥处发酵，自然风干至表面干爽，成品含水分约25%；烘房干制将兔坯平放在架车上，在50～60℃的烘房内，风吹、干燥、发酵处理。经卫生和质量检验后，分级出厂。

二、掌握酱卤兔肉制品加工技术

酱卤肉制品是原料肉经预煮处理后，再用香辛料和调味料共同煮制而成。酱卤肉制品均为熟食，其成品酥软，风味浓郁，代表性的酱卤类型有陈皮、五香、麻辣、酱汁、蜜汁、糖醋等，颜色由浅到深，卤制的、酱制的各不相同。酱卤肉制品适合就地生产、就地销售，也可杀菌后真空包装，销往其他各地。

酱卤兔肉制品在我国已有悠久的历史，其加工方法简单、设备投资少、成本低，适合就地生产、就地食用销售。并且，随着科学技术的发展，人们将先进的科学技术应用于酱卤兔肉制品的生产和保存过程中，使酱卤兔肉生产工业化。在酱卤兔肉制品的加工过程中，其腌制技术与腌腊酱卤肉制品相似，酱卤肉制品关键技术有调味和煮制。

根据不同地区的消费习惯、不同人群的口味制成特定口味的酱卤肉产品，根据加入调料的时间可将调味方法分为基本调味、定性调味和辅助调味3种。原料整理后，经过加盐、酱油或其他配料进行腌制处理，使产品具有咸味，称为基本调味；原料下锅后，加入主要配料，煮制产生口味，称为定性调味；煮制后加入糖、冰糖等以增进产品的色泽，称为辅助调味。在调味过程中，因加入调料的种类和数量不同，通常可将产品分为五香、红烧、酱汁、糖醋、卤制等。

五香红烧调味是酱卤肉制品中最广泛的，该调味方法需要大量的酱油，因此也称为红烧，另外在加工过程中加入大茴香、小茴香、桂皮、丁香、花椒5种香料，称为五香。如果在此基础上再辅以红曲色素着色，可得到樱桃红色产品，鲜艳夺目，产品酥润，称为酱汁；在辅料中加入大量的糖，可得到具有浓郁甜味的产品，称为蜜饯；若在辅料中同时加入糖和醋，得到具有酸甜滋味的产品，称为糖醋；调味以卤水为主，称之为卤制；采用“香糟”，产品保持固有色泽和酒香味为糟制。

酱卤肉制品的煮制分为清煮和红烧两种。清煮是指在煮制时不在汤中添加任何调味料，仅用清水煮制；红烧是指煮制时加入各种调味料进行煮制。但无论是哪种煮制方式，酱卤对产品色、香、味、形及成品化学成分的变化等都产生决定性的作用。

煮制的实质是对肉进行热加工过程，加热方式主要有水煮、蒸汽加热、微波加热等。在加热过程中随着温度的升高，肉的品质特性发生变化，因此，煮制对改善产品感官性质、固定产品形态、稳定色泽、形成产品特有风味、达到熟制的目的、杀死微生物和寄生虫、延长货架期等都具有重要意义。

1. 酱香兔

酱香兔风味独特，色泽鲜艳明亮，且不添加任何防腐剂和色素。但调卤煮制工艺较复杂，比较难掌握，需专业人员指导。

（1）材料选择 白条兔100千克，食盐，生姜，葱，大茴香，桂皮，白糖，酱油，料酒，味精，耗油等。

（2）工艺流程 原料预处理→腌制→煮制→卤制→包装→成品。

（3）操作要点

1）原料预处理。将兔肉用清水漂洗，沥干后在兔肉上用特制针板均匀打孔。

2）腌制。腌制液配方为100千克水、2千克生姜、1千克葱、1千克大茴香、17千克食盐。将姜片、葱、茴香等用纱布包裹，加水煮沸，然后倒入腌缸中，加盐搅拌至溶解，冷却至常温，将兔坯放入腌缸，以腌制液淹没兔坯为度，加盖，在4℃条件下腌制5小时。

3）煮制。煮制过程分为第1次煮制和第2次煮制两部分。第1次煮制用初配的新卤，其配方为水80千克、香料水20千克、白砂糖7千克、酱油8千克、料酒4千克、味精2千克、调味粉2千克。第2次煮制用二次调卤，其配方为香料水5千克、白糖7千克、酱油3千克、料酒2千克、味精1千克、调味粉1千克，并加入第1次煮制的余液。煮制时先用大火煮，后用小火焖煮。

4）卤制。将稠卤放入锅中煮沸，然后将煮好的兔肉分批定量用卤汁浸煮3分钟，出锅冷却。卤汁由水30千克、白糖13千克、酱油3千克、豆油1.5千克、料酒2千克、味精0.8千克、调味粉0.7千克熬制而成。

2. 芳香兔

芳香兔是以酱卤兔肉为基础，经改进后得到的兔肉酱卤制品，其产品外观油润、色泽鲜艳、肉质疏松细嫩、咸淡适中、酱香浓郁。

(1) 配料 白条兔100千克，食盐2.5千克，白糖1克，亚硝酸钠10克，复合磷酸盐100克，陈皮100克，桂皮300克，生姜300克，丁香70克，白芷300克，砂仁50克，白豆蔻50克，草豆蔻100克。

(2) 工艺流程 原料预处理→腌制→挂晾→油炸→卤制→包装→灭菌→成品。

(3) 操作要点

1）腌制。将食盐、亚硝酸钠和白糖充分混匀并粉碎后，均匀擦抹在兔肉表面。磷酸盐先用少量温水溶解，冷却后，洒在兔肉表面上，并对兔肉进行揉搓。然后将兔肉堆积，尽量堆实，上面用塑料薄膜和牛皮纸覆盖，在5～10℃的条件下腌制48～72小时，肉块硬实、呈鲜艳的玫瑰红色即可。

2）挂晾。腌制完成后，将兔肉挂在通风的室内晾干表面的水分，之后在兔肉表面再均匀地涂上一层糖色，糖与水的比例以2∶3为好。

3）油炸。在150～180℃的热油内炸30秒左右，至兔肉表面呈酱红色时即可。

4）卤制。将卤液辅料用纱布包好置于锅中，加100升水，大火煮沸5分钟左右，放入兔肉，继续煮制，并用勺撇去卤液上面的泡沫，随后再加入食盐200～400克，用小火煮，保持卤液温度在85～90℃之间，慢煮2～3小时即可。

3. 香酥兔

香酥兔为典型的酱卤兔肉制品，其成品外观呈金黄色，表面红亮、油润，肉质细嫩脱骨，皮香酥脆，甜咸适中，香而不腻。

（1）配料 白条兔100千克，食盐2.5千克，黄酒2升，味精500克，葱400克，生姜200克，淀粉500克，豆瓣酱1千克，豆油500毫升，糖3千克，复合磷酸盐40克，大茴香1千克，小茴香500克，肉豆蔻400克，桂皮140克，砂仁140克，白芷100克，丁香100克、山奈120克，草果140克，花椒400克，陈皮400克，甘草100克，另备适量饴糖和丁基羟基茴香醚。

（2）工艺流程 原料预处理→制坯造型→腌制→卤制→刷糖整形→油炸起酥→包装→灭菌→成品。

（3）操作要点

1）制坯造型。将兔胴体卧放在桌面上，用刀面平拍兔体数次，使兔皮骨关节脱位，基本呈现平板状。

2）腌制。将食盐、白糖、黄酒、味精、豆瓣酱和各种香辛料按配方量用纱布包裹，放入锅中，加水50升左右，大火煮沸20分钟以上，当腌制液出味以后冷却备用。腌制时腌制液应完全淹没兔坯，腌制时间为12小时。

3）卤制。将腌制液倒入锅中，煮开后将兔坯放入锅中，其上加压重物，避免兔坯上浮。先大火烧沸，再小火煮，煮制40～60分钟后放在漏网上沥水冷却。

4）油炸起酥。先将饴糖薄薄地、均匀地刷在晾干水分的兔体上，放置片刻，使饴糖吸收，然后放入180℃的油锅内炸1～2分钟，使兔肉表面呈金黄色或枣红色，表皮香脆。

4. 五香卤兔

五香卤兔是我国特色传统食品之一，其味道芳香、清甜爽口。各地区、各民族对味道的喜爱不同，使五香卤兔制品发展成了多风味的一个系列产品，但其制作工艺大致相同。

（1）配料 白条兔肉100千克，大茴香120克，生姜120克，小茴香80克，桂皮80克，丁香40克，砂仁40克，肉蔻40克，白芷40克，草果70克，花椒70克，食盐4千克，糖2千克。

（2）工艺流程 原料预处理→预煮→调卤→卤煮→调汁→烧汁→冷却→包装→成品。

（3）操作要点

1）预煮。将兔肉在沸水中煮制5分钟，脱腥，取出后用凉水漂洗，备用。

2）调卤。将香料磨碎后用纱布包扎，放入锅中，加入适量的水，再放入黄酒、白糖和精盐等，在旺火上煮制，形成卤水。

如果以后多次加工，为了节省辅料开支以及时间，需特别注意两方面问题：一是当兔肉出锅后，要及时把用过的卤汤用纱布过滤倒入缸内，在另一次利用时，等煮到八九成时，撇出泡沫；二是要注意加辅料和水，添加辅料时，第1次加工的五香料装入第1袋内，当以后再煮时，都在第1次量的基础上添加20%，再装入第2袋内，第2袋装满后，以此类推至第5袋装满时，即将第1袋内的料倒出，作为以

后续装袋，以此类推。每次添加水时，以每次都保持到水面刚好超过锅中的肉面为准，如果水不够就续加。

3）卤煮。将兔肉放入锅里，加入卤水，以旺火煮沸15小时左右，再用小火焖煮50分钟，至兔肉块煮透后捞出、冷却。

4）浇汁。将卤煮兔肉用清水漂洗15个小时左右，取出后沥干水分，然后放入硝水、葱花、姜汁等配成的溶液中浸泡半个小时左右，取出沥干后用熟麻油均匀涂抹在肉的表面。

5. 甜皮兔

甜皮兔外观色红油润，质嫩，多汁化渣。

（1）配料 甜皮兔所需原料为白条兔，但需经过特殊处理之后方可使用。选活重3千克左右的健康无病兔，用电击法或棒击法致晕后，割断血管放血。宰杀后立即烫毛，除去四爪和尾根，用水冲洗屠体。用尖刀在腹部切开3厘米左右长的刀口，拉出内脏、气管和食管，最后割下肛门及脏器。拉肠后的白条兔用清水漂洗，浸出残血等污物，晾挂在通风处沥干表面水分备用。

（2）工艺流程 原料预处理→配卤→卤制→挂糖→成品。

（3）操作要点

1）配卤。清水5千克，黄酒0.25千克，白砂糖0.2千克（可缺），食盐0.1~0.2千克，大茴香、小茴香、桂皮、丁香和花椒等香料适量，旺火煮沸后改用中小火烧制1小时，香味溢出，停止加热，新卤即配成。

2）卤制。将卤水煮沸，把晾干的兔坯卧放在锅内，卤汁以淹没兔坯为宜。用猛火煮沸后，捞出汤面污物，换用微火煨制，直到兔坯断生、肌肉疏松、无血残存，出锅即为半成品。

3）挂糖。按糖水比1:4的浓度配制熬成糖液，熬至糖化至一定稠度时称糖稀（饴糖）。趁热将糖稀涂刷在半成品表面，然后撒上少许熟芝麻，即为甜兔皮。涂刷糖稀的关键是厚薄适宜、均匀，过多、过甜会影响其风味，过稀、过淡会影响其外观色泽。

6. 酱焖兔

酱焖兔产品呈红棕色，肉烂但不脱骨，有浓郁的酱香味和烟熏味，并且味道渗入兔肉内部，咸淡适中，且稍有甜辣感。

（1）配料 白条兔100千克，食盐10千克，甘草300克，酱油5千克，鲜姜1千克，花椒500克，白酒1升，大茴香500克，白糖1千克，小茴香400克，辣椒面500克，桂皮500克。

（2）工艺流程 原料预处理→切块→浸泡→卤制→熏制→包装→杀菌→成品。

（3）操作要点

1）切块。把清洗干净的白条兔平均切成4块，用硬板刷在流水中刷洗干净。

2）浸泡。将兔肉洗净后，置于流水中浸泡36个小时，至兔肉表面颜色白净时取出，沥去体表的水，备用。

3）卤制。在锅中加水50千克，然后将花椒、大茴香、小茴香、桂皮、甘草、鲜姜、辣椒面等辅料用纱布包裹，放入锅中，再将其他调味料一起放入煮制14个小时左右。随后将兔肉块放入卤汤内，以中火煮90分钟左右，至熟烂出锅。

4）熏制。将适量茶叶、阔叶树木锯末和红糖混合均匀放在熏锅底部，熏锅内放上铁箅子，将卤制好的兔肉放置于铁箅子上，盖好锅盖，以小火烧至锅内冒烟，10分钟后取出兔肉，在兔肉块上涂刷熬好的糖稀，回锅再烟熏20分钟，使兔肉呈棕红色，然后取出抹上香油即可。

7. 卤兔头（彩图21）

卤兔头是一道美食，在我国具有代表性的是“双流兔头”。

（1）配料 兔头5个（约800克）、盐500克、料酒400克、姜200克、葱300克、红糖100克。

（2）工艺流程 兔头加工→氽水待用→加汤及料→卤制入味→捞起刷油→改刀装盘。

（3）操作要点 兔头起锅时要马上刷香油，否则兔头的色泽易变暗无光泽。

三、掌握熏烤兔肉制品加工技术

熏烤肉制品在我国历史悠久，是一类深受人们喜爱的肉制品，在我国肉制品中占有重要的地位。熏烤赋予肉制品特殊的烟熏味，使肉制品表面产生特有的熏烤色泽，同时能够抑制微生物的生长，延长肉制品货架期。

熏烤兔肉制品加工技术比较简单，生产规模可大可小，可以就地生产、就地销售，也可工业化生产。大中型生产厂家采用无烟或明炉烧烤，制成的半成品出口或销往外地，取得了良好的经济效益。

熏制是利用木材、木屑、茶叶、甘蔗皮、红糖等材料不完全燃烧产生的熏烟和热量使产品增添烟熏风味，改善产品质量的一种加工方法。熏烟的主要作用有：一是呈味作用，熏烟中有许多有机化合物，这些有机化合物附着在肉体上，能赋予产品特有的烟熏味；二是发色作用，熏烟可以赋予肉制品良好的色泽，使其表面呈现亮褐色，脂肪呈现金黄色，肌肉组织呈现暗红色；三是脱水干燥，熏烟时由于温度升高，肉中水分蒸发；四是杀菌作用，熏烟中含有机酸、乙醇、醛类等抑菌的物质，具有一定的防腐特性。

烤制是指原料肉经过腌制处理后，再利用烤炉进行热加工的过程。烤制通常在180～200℃的高温条件下进行，肉制品表面产生一层焦化物，可以增加肉制品表面酥脆性，并且产生独特色泽和诱人香味。

熏肉制品在加工时的熏制方法按加工过程划分，主要有生熏法和熟熏法。生熏法是指在熟制前熏制，熟熏法是在熟制后熏制。按熏烟的接触方式分为直接烟熏法和间接烟熏法。烤肉制品在加工时有明烤和暗烤。

1. 直接烟熏法

直接烟熏法是指肉制品在烟熏室内，用直火燃烧木材直接发烟熏制，根据烟熏温度不同分为冷熏法、温熏法、热熏法和焙熏法。

（1）冷熏法 熏制温度为 15～30℃，在低温下进行较长时间（4～20 天）的烟熏。熏制前物料需要盐渍、干燥。熏后产品的含水量低于 40%，可长期贮藏。此法一般在冬季进行，而在夏季或温暖地区，由于温度很难控制，特别是在发烟少的情况下，容易发生酸败现象。冷熏法用于不经过加热工序的制品，常用于带骨火腿、培根、干燥香肠等的烟熏。

（2）温熏法 熏制温度在 30～35℃，用于培根、带骨火腿及通脊火腿的烟熏。这种方法烟熏温度超过了脂肪熔点，所以很容易流出脂肪，而且使蛋白质开始受热凝固，因此肉质变得稍硬。此法通常采用橡木、樱木和锯末熏制，将熏材放在烟熏室的格架底部，在熏材上面放上锯末，点燃后慢慢燃烧，使室内温度逐步上升。用这种温度熏制的产品，重量损失少，制成的产品风味好。但熏制后的产品还需经过水煮过程才成产品。

（3）热熏法 熏制温度在 50～80℃，常用的温度为 60℃，是一种使用广泛的熏制方法。在此温度范围内蛋白质几乎全部凝固，其表面硬化度较高，而内部仍含有较多水分，有较好的弹性。可用此法急剧干燥和附着烟味，但达到一定限度就很难再进行干燥，烟味也很难附着。这种方法在短时间内就会形成较好的烟熏色泽，因此，烟熏时间不必太长，最长不超过 6 小时。但这种方法难以形成较好的烟熏香味，而且要注意不能升温过快，否则会有发色不均的现象。

（4）焙熏法 熏制温度为 90～120℃，是一种特殊的熏烤方法，包含蒸煮或烤熟的过程，常应用于烤制品生产。该方法熏制温度较高，熏制的同时达到熟制的目的，制品不必进行热加工即可以直接食用，而且烟熏的时间较短。

2. 间接烟熏法

间接烟熏法是利用特殊的烟雾发生器，将燃烧好的具有一定温度和湿度的熏烟送入熏烟室，对制品进行熏烤的熏制方法。主要有以下几种方法。

（1）燃烧法 燃烧法是将木屑倒在燃烧器上使其燃烧，再用风机送烟的一种方法。这种方法将发烟和熏制分两处进行。由于熏烟靠送烟机与空气一起送入烟熏室内，所以烟熏室内的温度基本上由烟的温度和混入的空气的温度所决定。

（2）湿热分解法 此法是将水蒸气和空气适当混合，加热到300～400℃后，使热量通过发烟材料发热分解而发烟，因为烟和水蒸气是同时流动的，所以熏烟时高温而潮湿，一般可达80℃左右。

（3）炭化法 将发烟材料用300～400℃的电热炭化装置使其炭化。由于空气被排除，因此产生的烟气状态与低氧下的干馏一样，可得到干燥浓密的烟雾。

（4）明烤 所谓明烤就是明炉烧烤，用铁制的开放的长方形烤炉，在炉内烧红木炭，然后将腌制好的肉，用铁叉叉着或铁扦穿着，或是铁炙托着，放置在烤炉上炙烤。在烤制过程中，反复翻动产品，尽量使其受热均匀。

（5）暗烤 所谓暗烤就是暗炉烧烤法，用一种特制的可以关闭的烤炉，在炉内通电或用烧红木炭加热，然后将腌制好的肉挂在炉内，关闭炉门进行烤制。

3. 熏烤兔肉制品加工

（1）熏兔 熏兔肉色泽呈红褐色，具有典型的烟熏风味，肉质外韧内嫩，清香可口，加工工艺简单，因各地品种不同也各有差异，形成了不同的地方风味熏制品，但加工工艺大致相同。

1）配料。白条兔100千克，花椒30克，大茴香50克，小茴香20克，肉桂15克，陈皮50克，砂仁30克，高良姜40克，肉豆蔻30克，丁香15克，白芷15克，草果30克，广木香15克，山楂50克，甘草20克，葱1.5千克，鲜姜500克，大蒜300克，辣椒300克，红糖500克，豆腐乳200克，白酒与黄酒均500毫升，酱油500毫升，味精300克，食盐2.5千克。

2）工艺流程。原料预处理→造型→煮制→熏制→成品。

3）操作要点。

① 原料预处理。将检验合格后的肉兔，按标准方法宰杀、放血、剥皮，留下头，但要除去头皮和耳，再从肛门处剖腹去掉除心脏、肝脏之外的内脏，然后将兔胴体和心脏、肝脏先用清水浸泡 3～4 小时，再反复洗涤至无血水。

② 造型。将兔胴体由头部开始向尾部弯曲，并使两后腿夹住头颈，再用细绳扎紧两后肢关节处，兔体呈环状。

③ 煮制。将辅料放入锅内，加水 80 升，大火煮至沸腾，并持续 20 分钟，然后将造型好的兔胴体放入。将放入的兔胴体一层一层摆放，尽量减少缝隙。摆好后在其上压一重物，以防在煮制时漂浮。煮制液应将兔胴体完全淹没。煮制时先用大火煮制 20 分钟，停火 30 分钟，再用小火煮至肉熟即可。

④ 熏制。用备好的清洁干锅，在锅底约 30 厘米^2 面积上撒上白糖、绿茶叶，放上铁网式熏架，并把煮好的兔肉腹部朝下、背部朝上，均匀地摆稳在铁架上。盖上锅盖，用文火将锅内的配料烧至冒浓烟，烧 5～8 分钟，停火 1 分钟，待兔肉表面变橘红色或朱红色时，即为最佳熏制色泽。

（2）烤兔 烤兔呈枣红色，外表有光泽，具有特殊的烧烤香味（彩图 22、彩图 23）。

1）配料。白条兔 100 千克，食盐 6 千克，白糖 2.5 千克，乙基麦芽酚 0.1 千克，亚硝酸盐 0.01 千克，大茴香 100 克，白芷 80 克，花椒 140 克，丁香 50 克，味精 1 千克，草果 60 克，砂仁 60 克，肉桂 80 克，小茴香 100 克，山奈 70 克，陈皮 80 克，甘草 60 克。

2）工艺流程。原料预处理→腌制→挂晾→挂糖→烤制→成品。

3）操作要点。

① 挂糖。在兔皮上均匀涂抹饴糖后晾干，如果饴糖较稠，可用少量水稀释后使用。一般饴糖与水的比例为 7∶3 或 6∶4。

② 烤制。将晾干的兔坯移入熔炉中，进行烤制。正常炉温在220～250℃之间，烤制时间视兔坯大小和肥度而定，一般需烤制40分钟左右，也可以用120℃炉温烤制10分钟，再升温至230℃烤20分钟。烤制过程中要转动兔坯，以使其均匀熟化。

四、掌握兔肉休闲食品现代加工技术

休闲肉制品是一类以其独特风味为主要卖点，具有愉悦消费者心情或保健功能的食品。休闲肉制品具有丰富的营养和独特的风味，其包装量小，便于携带，佐餐方便，是居家和旅游必备的休闲美食，得到越来越多消费者的青睐。休闲肉制品不是生活必需品，它是人们在闲适、享乐时对食品色、香、味、形、口感的享受和追求。

兔肉休闲制品是以兔肉为原料开发的休闲食品，目前主要有麻辣兔肉制品（图8-7）、兔肉松、兔肉脯、藤椒兔丝、芝麻兔丝。

图8-7 麻辣兔肉

1. 麻辣兔肉

（1）配料 兔肉1000克，花椒5克，桂皮5克，老姜50克，草果5克，砂仁4克，泡椒50克，大葱40克，紫草6克。

（2）工艺流程 兔胴体浸泡→配制腌制液→腌制→预煮→配制煮制液→煮制→油炸→上浮料→包装→灭菌→成品。

（3）操作要点

1）原料预处理。将检验合格后的兔宰杀后剥皮、开膛，除去内脏，洗净。

2）腌制。向原料中加入食盐、花椒、葱、姜、黄酒，拌匀腌渍。根据季节的不同调整腌渍时间，一般情况下，夏天腌渍 1 小时，冬天腌渍 2 小时。

3）预煮。预煮的目的是脱水。预煮时肌肉中蛋白质受热后逐渐凝固，属于肌浆部分的各种蛋白质发生不可逆变化而成为可溶性物质，随着蛋白质凝固，亲水胶体体系遭到破坏而失去持水能力，因而产生脱水。蛋白质凝固，使肌肉组织紧密，形成具有一定程度的硬块，同时能杀灭肌体上附着的一部分微生物。预煮时水与肉的体积比为 1.5∶1，以淹没肉块为准。预煮时间视肉块大小而定，为减少有效物质的流失可将少量原料分批投入沸水中，使表面蛋白质立即凝固，形成保护层，从而减少损失，最后要求预煮到肉块中心无血水为准。

4）煮制。将预煮后的兔肉放入老汤中，先用中火烧开 10 分钟，再用小火焖煮 40 分钟左右至熟，如果老汤使用久了味道已淡，可再加一部分新料为辅料，不加佐料。

2. 兔肉松

兔肉松是我国传统美食，其纤维细长，肉质柔软，富有弹性，鲜而不骚，香味纯正，营养丰富，助食解腻，是旅游、野餐的方便食品。

（1）配料 兔肉 100 千克，水 100 千克，辣椒 6 千克，花椒 2 千克，食盐 4 千克，橘皮 1 千克，茴香 0.4 千克，味精 0.6 千克，芸豆粉 10 千克。

（2）工艺流程 原料预处理→切丝→加料煮制→炒松→擦松→包装→成品。

（3）操作要点

1）原料预处理。将检验合格后的兔宰杀后剥皮、开膛，除去内脏，洗净。

2）煮制。用大火煮约2小时至煮烂，继续煮至汤汁收尽。稍加压力，肉纤维自行分离，则表示肉已煮烂。

3）炒松。用中火炒约20分钟，压散肉块，然后翻炒，要注意不要炒得过早或过迟。因炒压过早，肉块未烂，不易压散；炒得过迟，肉块太烂，容易产生焦锅煳底现象。

4）擦松。用小火连续翻炒，摩擦，使其疏松，操作要轻而均匀。

3. 兔肉脯

肉脯为中式传统肉制品，色泽呈棕红色，具有味道鲜实、甜中微咸、芳香浓郁、余味无穷的特点。

（1）配料 兔肉100千克，食盐2.5千克，酱油2千克，白糖2千克，白酒0.5千克，五香粉0.3千克，味精0.3千克。

（2）工艺流程 原料预处理→剔骨切片→腌制→烘烤→烧烤→压平裁片→包装→成品。

（3）操作要点

1）原料预处理。将检验合格后的兔宰杀后剥皮、开膛，除去内脏，洗净。

2）剔骨切片。将兔体剔骨后切块，剔骨时应尽量保持肌肉组织结构，顺着肌纤维方向切成2毫米左右的薄片。

3）腌制。将各种辅料混合加入肉片中，搅拌均匀，在容器中腌制4～6小时，使辅料充分渗入肉中。

4）烘烤。在筛网上涂擦植物油，把肉片按肌纤维方向摊平放在筛网上，要求肉片肌纤维方向一致，以免烘烤时由于肌纤维收缩不匀而扭曲变形，并且肉片相互之间不能有缝隙也不能重合，让肉片连成平整的板状。然后放入55～70℃的烘箱中，烘烤2～3小时。

5）烧烤。将烘烤后的肉放入烤箱，在250℃条件下烤制1分钟，肉片呈棕红色即可。

6）压平裁片。高温烤制时，肌纤维的收缩程度不一致，引起肉片凹凸不平，肉脯出炉后须趁热压平，然后根据产品规格的需要进行裁片。

4. 芝麻兔丝

芝麻兔丝呈褐红色，芝麻黑亮，肉质软烂，麻香味浓，具有补血润燥，补中益气的功效。

（1）配料 兔肉1000克，黑芝麻30克，生姜10克，葱10克，花椒2克，香油15克，味精5克，卤汁500克。

（2）工艺流程 原料预处理→切丝→煮制→卤制→调味→包装→成品。

（3）操作要点

1）煮制。将水烧沸后撇去浮沫，放入姜片、葱、花椒、盐，放入兔肉丝，煮至七成熟，捞出冷却，备用。

2）调味。兔肉丝卤制完成后，将味精、香油调匀，淋入盘内，撒上黑芝麻，拌匀即成。

参考文献

[1] 武拉平，秦应和. 2018年我国兔业发展状况及2019年展望［J］. 中国畜牧杂志，2019，55（3）：152-156.

[2] 秦应和. 家兔育种技术及种业发展［J］. 饲料与畜牧，2019，371（2）：55-59.

[3] 谷子林，秦应和，任克良. 中国养兔学［M］. 北京：中国农业出版社，2013.

[4] 秦春力，张芳芳，沈迎春，等. 植物提取物在家兔生产中应用的研究进展［J］. 中国养兔，2017（3）：14-15.

[5] 李福昌. 兔生产学［M］. 北京：中国农业出版社，2016.

[6] 刘磊，李福昌. 肉兔营养需要量研究进展［J］. 动物营养学报，2020，32（10）：4765-4769.

[7] 汪荣才，叶达丰，叶红霞. 我国兔产业发展现状及改善措施［J］. 浙江畜牧兽医，2020，45（2）：9-12.

[8] 范志宇，王芳，胡波，等. 兔出血症病毒杆状病毒载体灭活疫苗临床免疫效力试验［J］. 中国兽医杂志，2019，55（7）：30-33.

[9] 苏天生. 利用良性生态循环提高养兔经济效益［J］. 畜禽业，2018，29（5）：53.

[10] 曾佳，雷俊芳. 试论如何提高肉兔养殖经济效益［J］. 中国畜禽种业，2018，14（6）：75.

[11] 甘建宇，田汉晨，孙宝丽. 提高肉兔规模养殖效益措施和建议［J］. 中国畜禽种业. 2020，16（11）：121-123.

[12] 唐良美. 科学养兔［M］. 成都：四川科学技术出版社，2016.

[13] 吕景智，李洪军，贺稚非，等. 南方规模化兔用非常规饲料资源的开发与利用［J］. 中国养兔，2017（4）：19-22.

[14] 谷子林，陈宝江，刘亚娟，等. 饲料禁抗条件下养兔的难点及比较［J］. 中国养兔，2020（4）：29-30，22.

[15] 张晶，谭宏伟，王永康，等. 饲料禁抗实锤落地，行业如何化危为机［J］. 中国养兔，2020（4）：23-26.

[16] 薛家宾，王芳，范志宇．新形势下兔病防控技术集成与应用［J］．中国养兔，2020（5）：29-30.

[17] 韩天才，顾智，王峰．规模化兔场管理措施的探讨［J］．中国养兔，2020（5）：38-39，43.

[18] 李少博，贺稚非，胡颖，等．日龄对雄性伊拉兔肌肉蛋白质组成的影响［J］．食品与发酵工业，2019，45（15）：93-99.

[19] 夏杨毅，刘玉凌，李洪军，等．反复冻融对兔肉氨基酸和脂肪酸的影响［J］．食品科学，2015，36（4）：237-240.

[20] 周心雅，贺稚非，王兆明，等．冷藏对兔肉不同部位新鲜度及腥味物质己醛和己酸变化的影响［J］．食品与发酵工业，2019，45（6）：122-126.